왜 호모 사피엔스만 살아남았을까?

전곡선사박물관장이 알려주는 인류 진화의 34가지 흥미로운 비밀

왜 호모 사피엔스만 살아남았을까?

전곡선사박물관장이 알려주는 인류 진화의 34가지 흥미로운 비밀

1판 1쇄 펴낸날 2020년 1월 20일
1판 4쇄 펴낸날 2021년 11월 12일

지은이 이한용

펴낸이 서채윤 펴낸곳 채륜서
책만듦이 김승민 책꾸밈이 이민현

등록 2011년 9월 5일(제2011-43호)
주소 서울시 광진구 자양로 214, 2층(구의동)
대표전화 1811.1488 팩스 02.6442.9442
E-mail book@chaeryun.com Homepage www.chaeryun.com

책값은 뒤표지에 있습니다.
ISBN 979-11-85401-45-4 03470

이 도서의 국립중앙도서관 출판예정도서목록(CIP)은 서지정보유통지원시스템 홈페이지(http://seoji.nl.go.kr)와 국가자료공동목록시스템(http://www.nl.go.kr/kolisnet)에서 이용하실 수 있습니다. (CIP제어번호 : CIP2019053339)

전국선사박물관장이
알려주는
인류 진화의
34가지
흥미로운 비밀

이한용

왜

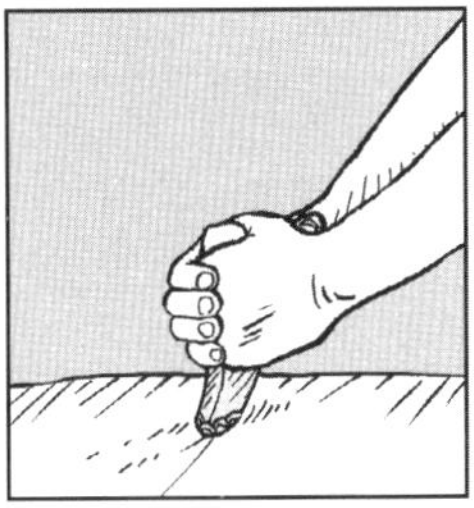

호모 사피엔스만 살아남았을까?

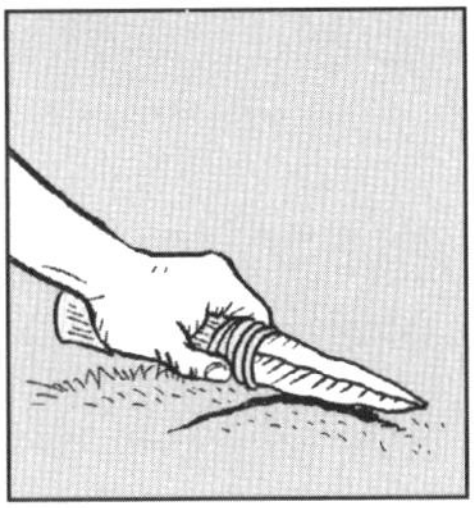

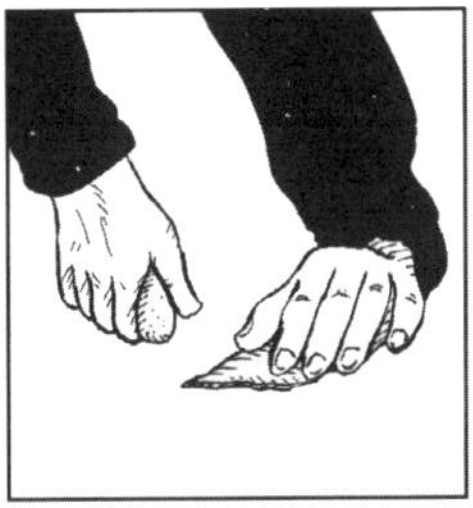

채륜서

차례

1부 인류의 도구

2부 인류의 기원

3부 인류의 예술

1부

인류의 도구

석기는 과학입니다

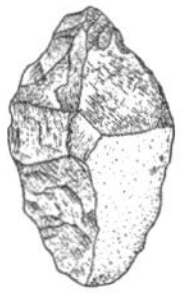

구석기 유물들이 쭉 진열되어 있는 박물관에서 가장 곤혹스러운 질문 중 하나는 "이거 석기예요? 그냥 짱돌 아니에요?"라는 질문이다. 일반인들이 석기와 그냥 돌을 보고 구분하기는 어렵다. 그게 그 돌이고 저게 저 돌이다. 구석기를 전공하지 않은 웬만한 고고학종사자들도 예외는 아니어서 사실 석기인지 아닌지를 구분하는 것은 그리 쉬운 일이 아니다.

〈TV쇼 진품명품〉은 문화재를 가격으로 책정하는 폐해가 있지만 문화재에 대한 안목을 길러주는 데 어느 정도 도움을 준다. 이 프로그램에 출품된 도자기 같은 유물들은 도자기인지 아닌지를 판정하는 것이 아니라 진품인지 가품인지를 판별한다. 반대로 구석기시대의 석기는 가짜석기 진짜석기를 판별하는 것이 아니라 석기인지 아닌지를 판별한다. 무슨 말인가 하면 지금 만든 석기를 수만 년 전 혹은 수십만 년 전의 석기와 섞어놓아도 구별할 수 없다는 뜻이다.

이렇게 석기의 진위 여부 판별이 불가능하기 때문에 일본에서는 구석기 날조사건까지 일어날 수가 있었다. 구석기 날조사건은 신의 손이라 불리며 발굴하는 유적마다 엄청난 석기들을 발견했던 '후지무라 신이치'라는 사람이 관여된 희대의 고고학스캔들이다. 문제의 후지무라는 70만 년 된 화산재 속에 몰래 석기를 묻어놓고 발굴했다고 사기를 쳐 일본의 구석기연대를 7만 년에서 70만 년으로 뻥튀기 했던 장본인이다. 하지만 그가 발굴했다고 하는 석기들은 본인이 만들거나 구입한 석기들이었는데 아무도 그 석기들을 보고 가짜석기라는 것을 알 수가 없었다. 2000년 10월 말 이른 아침 발굴하던 유적지에 구덩이를 파고 몰래 석기를 파묻는 모습이 신문기자의 망원렌즈에 잡히기 전까지는 말이다. 구석기시대에는 국경도 없고 민족도 없었는데 후지무라는 자기 나라에서 오래된 구석기 유적을 찾는 것이 마치 국가의 자존심을 세워주는 것이라고 잘못 생각했던 것 같다.

자연석과 석기를 구분하는 데는 엄격한 규칙이 있는데 석기인지 아닌지를 구별하는 가장 중요한 기준은 사람이 도구를 사용해서 가공한 흔적의 유무다. 반월형석도, 마제석검같이 돌을 갈아서 만든 간석기나 후기구석기시대 눌러떼기로 만든 화살촉과 같은 석기들은 일정한 정형성을 갖고 있고 사람이 가공한 흔적도 쉽게 찾을 수 있어 사람이 만든 석기인지 아닌지를 판별하는 것은 그리 어렵지 않다. 석기인지 아닌지를 판단하는 석기판정이 어려운 경우는 자연적으로 깨진 돌과 구분하기가 어려운 뗀석기다.

전곡선사박물관은 주먹도끼로 유명한 구석기 전문박물관이다 보니 주먹도끼를 발견했다고 가지고 오시거나 사진을 보내시는 분들이 제법 있다. 그러나 죄송하게도 아직까지 한 분도 진짜 주먹도끼를 가져오신 분들은 없다. 끝이 뾰족하고 손도끼처럼 생긴 돌들을 석기라고 생각하고 가져 오는 경우가 대부분이다. 그만큼 뗀석기와 자연적으로 깨지거나 풍화된 돌을 구분하는 것은 쉽지 않다.

석기를 자연석과 구분하기 위해서는 돌에 남겨진 몇 가지 특징을 잘 관찰해야 한다. 먼저 떼어져 나간 부분이 규칙적으로 떼어져 나갔느냐는 것이다. 석기를 만든 사람이 어떤 목적을 가지고 의도한 대로 만들기 위해 돌을 내리쳐 규칙적으로 떼어낸 흔적을 잘 관찰해야 한다. 자연적인 낙석도 돌과 돌이 부딪치는 것이기 때문에 사람이 돌로 돌을 내리쳐서 만든 석기와 타격면을 구분하는 것이 불가능하다. 이런 타격면이 얼마나 규칙적으로 반복되느냐를 자세히 들여다보아야만 석기인지 아닌지를 구분할 수 있다.

또 한 가지 구분되는 특징은 사람이 도구를 사용해서 만든 석기는 일정한 형태를 유지하고 있다는 것이다. 석기의 정형성이라고도 하는데 크기가 크든 작든 주먹도끼는 끝이 뾰족하고 좌우 대칭의 물방울 같은 모양을 하고 있다. 주먹도끼라고 부를 수 있는 석기는 일정한 모양을 하고 있다는 뜻이다. 그래서 작아도 주먹도끼, 커도 주먹도끼가 되는 것이다. 이런 정형성은 석기를 만든 사람이 어디에 사용할 것인지 용도를 정하고 그에 맞게 의도한 대로 석기의 최종 형태를 결정하고 석기의 형태를 만드는 의도성에 의해 좌우된다고 할 수 있다. 일정한 규칙성과 정형성이 있어야만 최소한 석기일 수도 있다는 가능성을 인정받게 된다. 그렇다면 이제 자연적인 낙석을 떠올려 보자. 높은 석회암 절벽에서 자연적으로 떨어진 돌이 다른 암반에 몇 번 부딪히면서 밑으로 굴러떨어지는 장면이다. 한 번, 두 번, 세 번 서로 부딪히면서 박편이 떨어져 나간 낙석은 인위적으로 박편을 떼어낸 뗀석기와 비교해보면 영락없는 석기다. 돌과 돌이 부딪혀서 떨어져 나간 흔적은 똑같기 때문이다. 그래서 이런 석기처럼 보이는 낙석이 어떤 상황에서 발견되었는지, 주변의 정황증거들을 함께 종합적으로 분석해서 석기인지 아닌지를 판별해야만 한다. 낙석지대에서 사람이 여러 번 떼어낸 것과 같은 모양의 돌이 발견되더라도 석기로 판정하는 데 신중해야만 하는 이유가 여기에 있다.

그리고 또 한 가지 비장의 무기가 남았으니 그것은 석기 표면에 나타나는 여러 가지 흔적들을 현미경으로 분석하는 방법으로, '사용흔 분석'이라고 한다. 현미경으로 석기를 자세히 관찰해 보면 실제로 사용한 석기에는 긁히거나 문지른 자국이 남아 있다. 이 흔적들을 자세히 관찰하면 진짜 석기인지 아닌지는 물론 가죽을 잘랐는지 나무를 베었는지 사용했던 용도도 정확히 알 수 있다.

주먹도끼를 만들었던 호모 에렉투스들이 주먹도끼를 만들 수 있는 돌의 성질을 과학적으로 분석하고 내리치는 망치돌의 각도를 계산하여 몇 도의 각도로 정확하게 내리칠 때 손의 운동에너지와 망치돌의 무게가 최적화되어 원하는 모양과 크기의 돌조각을 떼어낼 수 있는지를 치밀하게 계산하고 만들지는 않았을 것이다. 하지만 그들은 경험에서 나오는 눈썰미와 몸에 익은 손동작 그리고 돌을 직접 깨면서 손으로 전해지는 느낌을 통해 어떤 돌이 석기를 만들기에 적합하고 어떤 각도로 내리칠 때 자기가 가장 원하는 모양과 크기의 뗀석기를 만들 수 있는지를 알아 갔을 것이다. 이런 지식이 오랜 시간 축적되면서 인류의 석기제작기술은 점점 발전해 갈 수 있었다.

이런 경험적 지식의 첫 페이지에 쓰여진 기록은 어떤 돌이 자기가 원하는 대로 잘 깨어지느냐에 대한 것이다. 아무 돌이나 깨뜨려서 석기를 만들 수 있는 것은 아니기 때문이다. 원하는 대로 잘 깨지는 돌 즉 석기가 잘 만들어지는 돌을 골라야만 석기를 만들 수 있다. 정작 최초의 석기제작자들은 몰랐겠지만 석기를 만드는 데에는 숨겨진 과학적 원리가 있다. 우선 헤르츠 원추의 원리로, 원석에 타격을 가하면 부딪치는 점을 중심으로 파동형의 에너지가 전달되어 원뿔모양으로 균열이 생기는 것을 말한다. 꽤 복잡해 보이는 것 같아도 작은 돌에 맞아서 깨지지는 않았지만 금이 간 유리를 생각해 보면 이해가 쉽다. 돌에 맞은 자리의 반대편 방향으로 원뿔모양으로 떨어져 나가는 것이 바로 헤르츠 원추다. 마치 조개껍데기와 같은 모양으로 깨어진다고

'패각상파쇄'라고도 한다.

뗀석기를 만들기에 적합한 돌들은 돌을 내리치는 힘, 각도, 맞는 부분의 표면 상태에 따라 원뿔의 깨지는 방향이나 모양이 바뀔 수 있다. 이것은 원뿔을 원하는 모양과 방향으로 조정할 수 있다는 뜻인데 결국 자기가 마음먹은 대로 돌을 떼어낼 수 있다는 것이다.

뗀석기제작에 사용되는 돌의 가장 중요한 조건은 일단 입자가 균질해야 한다는 것이다. 이물질 없이 동일하고 균열이나 흠집이 없어야 한다. 입자가 균질하지 않은 돌은 의도한 대로 깨지지 않을 수 있으며 자연적인 결이나 홈에 의해 의도치 않은 방향으로 깨지기 십상이다. 석기제작은 내려치는 운동량과 충격량, 헤르츠 원리가 복합적으로 적용되는 과정이기 때문에 석재의 입자가 균질하지 않으면 불규칙한 모양으로 떨어져 나가고 원하지 않는 방향으로 깨져 버리기 쉽다. 입자가 균질한 석재일수록 정확한 타격을 가한다면 원하는 대로 정확한 모양으로 떼어낼 수 있다. 석기를 만들어 보는 실험고고학 연구에서 오랜 시간 정성껏 주먹도끼를 만들고 날 부분을 마무리하기 위해 마지막 타격을 가한 순간 눈에는 보이지 않던 돌 내부의 균열로 인해 갑자기 똑 부러져 버리는 경우가 종종 있다. 이런 사태를 예방하기 위해서는 역시 입자가 균질한 돌을 잘 골라야 한다. 명필은 붓을 안 가린다지만 주먹도끼를 만들던 석기시대 장인들은 무조건 좋은 돌을 골라야만 했다.

흑요석 루트

돌을 두드려 깨서 도구를 만들어 쓰기 시작한 구석기시대는 적어도 250만 년 전부터 시작한다. 돌을 갈아서 석기를 만들기 시작한 신석기시대의 시작을 약 1만 년 전이라고 볼 때 인류역사의 대부분은 구석기시대다. 구석기시대 인류의 진화와 석기제작기술의 발달 과정을 아주 단순하고 짧게 설명한다면 "머리는 점점 커지고 석기는 점점 작아진다."라고 말할 수 있다. 머리가 커지는 것은 머리가 좋아지는 것, 석기가 작아지는 것은 휴대성과 편리성이 좋아지는 것으로 이해할 수 있다. 구석기시대 석기의 크기 변화 과정은 마치 벽돌만 한 커다란 휴대전화가 손안에 쏙 들어오는 스마트폰으로 작아지는 과정과 다름이 아니다. 기술이 발전하면 생산품이 소형화되는 경향성을 이미 구석기시대의 석기들이 보여주고 있다.

전기구석기시대에는 주먹도끼나 찍개와 같이 크고 무겁고 투박한 석기들이 주를 이룬다. 약 4만 년 전 후기구석기시대에 접어들면서부터는 돌날이나 찌르개와 같이 작고 날렵한 석기들이 만들어졌고, 후기구석기시대 말기에 이르면 지금의 시각으로 볼 때 예술품 같은 정교한 석기들도 등장한다. 이렇듯 점점 작아지지만 성능은 뛰어난 석기를 만들기 위해서 석기제작기술도 계속 발전했다.

초기의 석기제작자들은 커다란 돌에 내리치거나 돌망치로 직접 돌을 두드려 깨는 직접타격법으로 뗀석기를 만들었다. 당연히 크고 투박한 석기가 만들어졌다. 석기를 더 작게 만들기 위해서 등장한 제작기술이 간접타격법이다. 돌망치로 돌을 직접 떼어내는 대신 사슴뿔로 만든 일종의 정punch 같은 걸 사용해서 기다랗고 얄팍하게 만든다. 즉 돌날을 떼어내는 기술이 간접타격법이다. 후기구석기시대의 말기에 이르면 가히 혁명적이라고 할 수 있는 석기제작기술인 눌러떼기가 등장한다. 돌을 두드려서 깨는 것이 아니라 사슴뿔의 끝부분으로 만든 도구로 지긋이 힘을 주어 꾹 눌러서 돌조각을 떼어내는 신기술이 개발된 것이다. 물론 수백만 년의 시간이 필요했지만 몇 단계의 혁명적인 기술발달 과정을 거치면서 눌러떼기 기술까지 발전한 구석기시대는 결국 돌을 갈아서 날을 만드는 또 다른 신기술로 무장한 간석기가 등장하면서 마침내 신석기시대로 넘어가게 된다.

한편 석기제작기술이 발달하면서 보다 다양한 종류의 석재를 사용하게 되는데 신기술과 신소재가 만나게 되는 것이다. 후기구석기시대에 등장한 신소재의 대표 주자가 바로 흑요석이다. 흑요석은 용암이 급속하게 굳어지면서 만들어지는 암석인데 유리와 비슷한 강도를 가지면서 가벼운 타격에 의해 예리하고 정밀한 날을 만들 수 있어 구석기시대부터 석기의 원재료로 선호되던 암석이다. 흑요석은 화산 활동을 통해 만들어지기 때문에 화산 지대 같은 특정한 지역에서만 산출된다. 보통 검정색의 유리덩어리와 같은 외형을 하고 있지만 급속히 냉각되는 과정에서 결정질의 변화가 생기는 경우도 있어 붉은색, 갈색, 녹색, 회색, 은색의 흑요석도 있으며 줄무늬가 있거나 아예 색이 없는 무색의 흑요석도 있다. 흑요석은 원산지에 따라 구성 성분이 다르기 때문에 과학적 분석을 통해 원산지를 추정할 수 있다는 특징이 있다. 흑요석 원산지 분석을 통해 지역 간의 문화 교류와 교역 관계를 파악하는 자료로 활용되기도 한다. 중남미의 고대유적에서는 엄청난 수의 흑요석제 돌날이 발견되기도 하는데 거의 오늘날 공장에서 물건을 만들어 내는 수준이었다고 할 수 있다. 이는 전문적으로 석기를 제작하는 장인과 충분한 원재료 즉 흑요석을 확보해야만 가능한 일이다. 우리나라의 산업화에 결정적인 역할을 한 곳이 포항제철이었고 철광석 수입이 중요한 과제였던 것처럼 석기시대의 첨단소재였던 흑요석 산지와의 교역을 통한 원자재관리는 그 집단의 흥망성쇠를 좌우할 정도로 중요한 요소였다.

몇 해 전 매우 총기 있는 눈빛을 한 중년의 남성분이 박물관으로 찾아왔다. 구석기와 인류의 진화를 다루는 박물관이다 보니 가끔씩 이상하게 생긴 돌을 들고 오셔서 보물급 주먹도끼를 찾았다고 무작정 우기시거나 막무가내로 회개하라고 하시는 분들이 있어 따로 만나자는 연락을 받았을 때는 약간의 긴장감을 가지게 된다. 이 중년의 남성분은 두툼한 책을 한 권 가지고 오셨다. 제목은 생각나지 않지만 중간에 컬러 사진도 들어가 있는 논문집 형태의 책이었다. 표지에는 북한산 인수봉과 비슷한 산봉우리 사진이 역시 전부 컬러로 멋지게 들어가 있었다.

박물관 카페에 마주앉아 얘기를 시작하자 뭔가 큰 비밀을 알려주겠노라는 지긋한 눈빛으로 고인돌에 대해서 아시느냐는 질문이 들어왔다. 고인돌에 대한 간단한 대답을 하고 나자 표지의 산봉우리 사진을 가리키며 이게 바로 외계인들이 기념물로 쌓은 우주인의 고인돌이라는 것이 아닌가. 화강암의 자연절리를 따라 생긴 절단면들이 마치 누군가가 돌을 쌓아 놓은 것 같은 형상처럼 보여 그런 오해를 하신 모양이구나 하던 찰나 외계의 과학문명이 이미 선사시대에 존재하고 있었다는 장황한 설명과 함께 책 속의 사진 몇 장을 외계문명의 결정적인 증거라고 하며 보여주었다. 산봉우리를 고인돌이라고 주장하는 데는 딱히 추가 설명을 하여도 받아들여지지 않을 태세의 그 중년남성이 보여주는 책 속의 사진에서 내 눈에 띈 것은 후기구석기시대에 만들어진 돌날석기였다. 그는 돌날 중에서도 크기가 작은 돌날을 뜻하는 좀돌날micro blade과 좀돌날을 떼어낸 좀돌날 몸돌 그리고 몇 점의 예리한 돌날들을 가리키며 이 단단한 돌을 이렇게 흔적 하나 없이 예리하게 절단할 수 있는 고도의 과학문명이 이미 구석기시대에 존재했었고 그 문명은 바로 외계인의 문명이라며 목소리를 높였다. 이른바 유사과학의 광신도와 같은 인물이니 웬만한 설명은 먹히지 않을게 분명했다. 이때 이 사람이 외계문명의 증거라고 주장하며 보여준 석기들은 바로 흑요석으로 만든 석기였다. 정교하게 떨어져 나간 흑요석 돌날은 일견 외계인의 예리한 절삭도구로 잘려져 나간 것처럼 보인다. 하지만 흑요석 돌날은 후기구석기시대 석기장인이 눌러떼기라는 진일보한 제작 방식으로 만든 석기다. 흑요석 몸돌을 고정구에 단단히 고정하고 사슴뿔 끝을 장착한 나무도구를 사용해 배와 팔로 힘을 주어 힘껏 흑요석 몸돌 윗부분을 누르면 맑은 유리 깨지는 소리가 나면서 예리한 흑요석 돌날이 떨어져 나간다. 마침 독일의 석기제작자 로버트 그라프 박사가 15cm가 넘는 커다란 흑요석 돌날을 눌러떼기로 떼어내는 장면을 직접 촬영한 영상이 있어 보여주자 그 분은 얼굴이 굳어지며 급히 자리를 떠났고 그 뒤로는 아무 소식이 없었다. 흑요석 석기의 정교함과 예리함을 유사과학으로 해석해서 빚어진 웃지 못할 사건이었다.

흑요석은 비교적 쉽게 박리가 되기 때문에 석기를 만들기에 좋은 재료임에는 틀림없다. 하지만 극도로 예리하기 때문에 주의하지 않으면 석기를 만들면서 상처를 입기 쉽다. 흑요석으로 만든 최고급 외과 수술용 메스 세트가 있을 정도로 흑요석 돌날은 현대 과학기술로도 따라갈 수 없을 만큼 얇고도 날카롭다. 흑요석이라는 신소재를 눌러떼기라는 신기술로 가공했으니 그야말로 획기적인 성능을 가진 새로운 석기가 등장한 것이다.

근데 한 가지 문제는 이 흑요석이 강가에 흩어진 차돌처럼 흔한 돌이 아니라는 것이었다. 최근에 양구 상무룡리, 포천 늘거리를 비롯한 한반도 중부지방의 후기구석기 문화층에서 발굴된 흑요석제 석기의 성분을 분석한 결과 백두산 계열임이 밝혀졌다. 백두산제의 흑요석으로 만든 석기가 강원도는 물론 경기도 지방에서까지 발굴되었다는 것은 백두산에서 이 돌을 채취한 구석기사람들이 흑요석을 짊어지고 강원도나 경기도로 들어오기까지의 이동경로를 추정할 수 있게 해준다. 서울에서도 수백 킬로미터 떨어져 있는 백두산으로 흑요석을 구하러 먼 길을 떠났던 구석기시대의 석기장인을 상상해 볼 수 있고, 흑요석을 여기저기 지고 다니면서 물물교환을 하던 구석기시대 보부상도 그려볼 수 있다.

현재까지의 연구 성과에 의하면 동해안 지역과 중부지방에서 출토되는 흑요석제 석기는 백두산이 원산지인 흑요석을, 남해안 지역에서 출토되는 흑요석 석기는 일본 규슈산의 흑요석 원석을 이용하여 제작한 것으로 보인다. 구석기시대 백두산에서 동해안을 따라 중부지방으로 이어지고, 일본 규슈에서 한반도의 남부지방까지 흑요석이 공급되던 그 길은 구석기시대의 실크로드, 흑요석 루트였다.

아슐리안 in 전곡

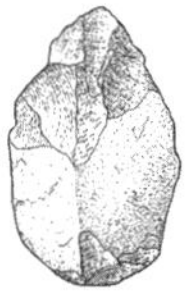

구석기시대에 대한 고고학적 연구에 있어 오랜 기간 동안 동아시아는 그리 주목받지 못하는 곳이었다. 왜냐하면 고고학연구의 특성상 구석기시대를 연구할 만한 구석기유적이 동아시아에서는 많이 발견되지 않았었기 때문이다. 더욱이 우리나라의 구석기연구는 그 역사가 더욱 짧다. 1930년대 함경북도 동관진에서 발견된 동물 뼈와 흑요석 2점이 한반도 최초의 구석기유적 및 유물로 평가받지만 이 역시 1960년대 남한의 공주 석장리와 북한의 웅기 굴포리유적에서 각각 구석기문화층이 발견되기 전까지는 그 중요성을 인정받지 못하였다. 우리나라는 구석기연구에 있어 철저한 변방이었으며 구석기시대가 존재한다는 게 인정된 것은 불과 반세기 전의 일이다.

대부분의 구석기시대 유적에서 석기는 고인류의 유일한 유물로 남는다. 일부의 구석기 유적에서 저습지에 보존된 나무로 만든 창 등의 유물들이 발견되지만 이는 극히 예외적인 경우다. 대개 유기물들은 모두 썩어서 없어지고 돌로 만든 석기들만이 남아 고고학자들에게 발견된다. 구석기시대의 유물 중 대표적인 것이 바로 주먹도끼다. 주먹도끼는 자르고, 찍고, 썰고, 긁고, 뚫고, 파고 등등 인류가 구석기시대의 거친 자연환경을 극복하며 살아남기 위해 꼭 필요했던 도구이며 가장 중요한 도구 중의 하나이다. 이 주먹도끼가 동아시아 최초로 우리나라 전곡리 구석기유적에서 발견되었다. 전곡리 유적에서 발견된 주먹도끼는 아프리카와 유럽 중심으로 인도의 서쪽 편에만 존재한다고 믿어져 왔던 아슐리안 주먹도끼였다.

아슐리안 주먹도끼는 타원형으로 전면을 가공하여 다듬은 전형적인 구석기 주먹도끼 공작을 지칭하는 학술용어로, 프랑스의 생트 아슐St.Acheul 지방의 구석기유적에서 처음 발견되었기 때문에 '아슐리안'이라는 별칭을 얻었다. 유럽과 아프리카의 전기구석기에서 흔히 볼 수 있는 이 석기는 대략 160만 년 전 아프리카에서 처음 만들어 사용된 것으로 추정된다. 이후 약 10만 년 전까지 구석기시대의 거의 전시기에 걸쳐 지속적으로 만들어지고 사용되었다. 아프리카와 유럽에서는 앞뒷면을 정밀하게 가공해 날이 거의 직선이고 앞뒤 좌우가 대칭인 날렵한 모양의 주먹도끼가 주로 발굴되고 있다. 반대로 동아시아에서는 대부분 두툼한 형태의 양면가공 주먹도끼가 발견되고 있다. 이렇듯 주먹도끼의 모양이 서로 다른 이유는 석기를 만드는 기술력의 차이가 아니라 원재료인 석재의 차이 때문이다. 한탄강에서 주운 규암제 자갈돌로는 제 아무리 뛰어난 석기제작자라고 해도 유럽의 박물관에서 볼 수 있는 얄팍한 모양의 주먹도끼를 만드는 것은 거의 불가능하다는 뜻이다.

아슐리안 주먹도끼를 만드는 과정에서 가장 중요한 특징은 박리과정을 충분히 예측하면서 작업한다는 점이다. 최초의 원석단계에서부터 최종단계의 완성품을 염두에 두고 계획적으로 돌을 떼어내는 박리 작업을 진행한다. 양면을 번갈아 가면서 떼내는 발달된 제작기술을 통해 일련의 박리과정을 조정할 수 있고 또한 과정의 결과에 대해서도 충분히 예측할 수 있다. 석기를 만드는 과정은 석재 선택의 순간부터 이미 석기 완성품을 염두에 두고 있기 때문에 주먹도끼의 제작과정을 통해 고인류의 계획성과 예측능력 등을 알 수 있다. 또한 아슐리안 주먹도끼처럼 정교한 도구를 제작하기 위해서는 이전보다 향상된 기억력과 창의력까지 요구되므로 주먹도끼를 만드는 것은 인류의 사고 진화에도 많은 영향을 주었다고 할 수 있다. 이렇게 만들어진 주먹도끼는 훌륭한 도구이면서 모양도 참 예쁘게 생겼다. 그래서 주먹도끼를 인류 최초의 예술품의 반열에 올려놓기도 한다.

1940년대 미국의 구석기학자인 모비우스 교수는 아슐리안형 주먹도끼들이 인도를 기준으로 서쪽 다시 말해 서양에만 존재한다고 주장하였다. 이미 구석기시대부터 동양과 서양은 석기를 제작하는 기술의 차이를 가질 만큼 지능과 신체의 차이가 있었다는 것으로도 해석될 수 있는 학설이었다. 동양에서는 정교한 주먹도끼가 발견되지 않으니 아쉽지만 딱히 반박할 만한 물적 증거가 없었다. 하지만 우리나라의 전곡리에서 서구의 아슐리안과 비교될 만한 아슐리안형 주먹도끼들이 발견됨으로 소위 말하는 구석기문화 이원론은 더이상 설득력을 가질 수 없게 되었다. 그래서 전곡리유적에서 동아시아 최초로 발견된 주먹도끼는 세계 구석기연구의 흐름을 바꿔놓은 매우 중요한 유물인 것이다.

전곡리 유적의 아슐리안 주먹도끼의 발견과 관련해서는 그렉 보웬이라는 인물을 빼놓을 수 없다. 1978년 늦은 봄 동두천 미 2사단 기상대에 근무하던 그렉 보웬은 한국인 여자친구(후에 그렉 보웬과 결혼한 상미 보웬)와 함께 한탄강 가녘을 산책하고 있었다. 그렉 보엔은 군에 입대하기 전 대학에서 고고학을 공부한 학생이었다. 동두천에 근무하던 그는 시간이 날 때마다 부대 주변의 고고학유적이 있을 만한 곳을 조사하러 다니곤 했다. 1970년대 당시만 해도 한탄강은 해운대 부럽지 않은 관광명소였다. 매년 여름 많은 사람들이 한탄강으로 피서를 왔으며 어김없이 한탄강의 물놀이 뉴스가 해마다 들려오곤 했다. 지금도 연천군청에는 당시의 화려했던 과거를 기억하는 관광지 모습의 한탄강 사진이 자랑스럽게 걸려 있다.

한탄강으로 놀러와서도 고고학적 호기심으로 주변 지역을 답사하던 그때 그렉 보웬의 눈에 희한하게 생긴 돌조각 몇 개가 들어왔다.

이상하게 생긴 이 돌들이 중요한 구석기 유물일 수도 있을 거라는 생각을 한 그렉 보웬은 간단한 보고서를 작성해 당시 구석기학계의 저명한 학자인 프랑스의 보르드 교수에게 보냈다. 그렉 보웬의 서신을 받은 보르드 교수는 이 석기들의 중요성을 간파하고 관련 내용을 당시 서울대학교 박물관장이었던 김원용 교수에게 보냈다. 보르드 교수의 서신을 받은 김원용 선생은 프랑스에서 구석기를 공부하고 돌아온 제자 정영화 교수와 함께 급히 전곡리를 방문하였다. 첫 번째 방문에서 당시 성업 중이던 벽돌공장의 벽돌제조용 점토에서 주먹도끼를 포함한 많은 석기를 찾았다. 전곡리 유적이 공식적으로 확인되는 순간이었다.

한 가지 재밌는 점은 구석기학자들에게 벽돌공장은 보물창고와도 같은 곳이라는 점이다. 구석기유적을 찾으러 방문한 지역에 벽돌공장이 있다면 고고학자들은 최우선적으로 벽돌공장 일대를 조사한다. 벽돌을 만들기 위한 점토에 들어 있는 돌멩이들은 불순물로 취급되어 잘 골라서 버리기 때문이다. 그런데 벽돌을 만드는 점토의 대부분은 구석기시대에 퇴적되었을 가능성이 매우 높은 고토양으로 결국 점토 안에 들어있는 돌들은 자연적으로 점토에 섞여 들어간 돌들이 아니라 사람이 인위적으로 옮겨놓은 돌 즉 석기가 되는 것이다. 그래서 그렉 보웬의 제보를 받고 한달음에 전곡으로 달려간 김원용 선생과 정영화 교수도 제일 먼저 벽돌공장을 조사하였고 예상대로 벽돌공장의 흙더미는 말 그대로 석기밭, 노다지였다. 요즘처럼 인터넷으로 간단하게 이메일을 보낼 수도 없었던 그때 국제적인 연락망이 가동되어 한탄강가에서 발견된 이상하게 생긴 돌멩이들은 당시까지 동아시아에서는 전혀 발견된 보고가 없었던 아슐리안 주먹도끼로 판명되었다. 세계구석기 연구의 흐름을 바꿔놓은, 전 세계가 주목한 놀라운 발견이었다.

전곡리유적의 발견과 관련된 미군 병사 그렉 보웬의 스토리는 우리나라의 현대사와 맞물려 색다른 재미를 더해 준다. 그렉 보웬의 발견을 우연한 발견으로 평가 절하 하기도 하지만 그렉 보웬이 남겨놓은 조사일지와 비망록들을 꼼꼼히 검토해 보면 고고학을 공부했던 고고학도답게 나름대로 체계적인 계획을 세워 고고학유적이 있을 만한 지점들을 주기적으로 답사했음을 알 수 있다. 주한미군의 신분이었기 때문에 비교적 자유롭게 접경지역 일대를 조사할 수 있는 이점도 있었을 것이다. 물론 애초에 구석기시대의 유적을 찾겠다는 욕심은 없었던 것으로 보이지만 결과적으로는 그가 발견한 주먹도끼가 우리나라뿐만 아니라 세계 구석기연구의 역사를 바꿔놓은 아슐리안 주먹도끼로 밝혀졌으니 최초 발견자로서의 그렉 보웬의 공은 크다고 할 수 있다. 하지만 그 당시 휴전선과 가까운, 38선 이북의 접경지역이었던 연천군 전곡리 일원은 한국의 고고학자들이 조사를 위해 자유롭게 드나들 수 있었던 지역이 아니었음을 감안하면 그렉 보웬의 발견을 마치 한반도의 구석기연구에 여명을 비춰준 위대한 발견이라는 식으로 너무 과대평가할 필요도 없을 것 같다. 다소 시간이 늦어졌을 수도 있겠지만 한국 연구자들에 의해 전곡리유적의 아슐리안 주먹도끼가 발견되었을 가능성도 충분히 있다고 생각되기 때문이다. 전곡리유적의 주먹도끼를 처음 발견한 주한 미군 병사 그렉 보웬은 무사히 군복무를 마치고 제대하여 미국으로 돌아가 고고학 발굴회사에서 고고학 관련 조사를 업으로 삼고 살아가다가 전곡선사박물관의 개관을 불과 2년 앞둔 2009년에 사망하였다. 2011년 4월 25일 전곡선사박물관의 개관행사에는 그의 부인 상미 보웬이 대신 참석하였다.

주먹도끼의 비밀

현재까지 알려진 최초의 석기는 약 250만 년 전 호모 하빌리스에 의해 만들어진 것이라는 학설이 지배적이다. 최근에는 약 330만 년 전의 석기관련 자료들도 보고되고 있어 최초의 석기제작자가 살았던 시기는 점점 더 올라갈 수도 있을 것으로 보인다. 인류가 석기를 만들었다는 사실은 새로운 환경에 적응하여 살아남기 위한 적극적인 노력의 결과물을 인류 스스로 직접 만들어 내기 시작했다는 것을 의미한다. 석기를 만들 수 있었던 초기 인류는 보다 다양한 먹이를 획득할 수 있게 되었고 결국 살아남게 되었다.

구석기시대의 가장 중요한 도구이고 상징물과도 같은 주먹도끼는 최초의 석기가 만들어지고 나서도 한참 뒤에야 등장했다. 주먹도끼를 만들기 시작한 시기는 처음 석기를 만들기 시작한 때부터 거의 100만 년이나 지나서였다. 주먹도끼를 만들기 위해서는 돌의 한쪽 면만을 떼어내서 날을 만들던 기술을 뛰어 넘어 반대편으로도 쳐내어 양쪽 면으로 떼어낸 날을 만들어야 했다. 그래서 주먹도끼를 양면가공석기Biface라고 부른다. 지금 보면 별것 아닌 단순한 기술 같지만 인류가 양쪽 면으로 번갈아가며 돌을 떼어내기까지는 무려 100만 년에 가까운 시간이 필요했다.

약 160만 년 전 호모 에렉투스에 의해 인류 역사에 처음 등장한 주먹도끼는 인류의 사고력 즉 생각하는 힘이 본격적으로 발현된 가장 오래된 증거로 여겨진다. 처음 만들어진 이래 100만 년 이상 꾸준히 사용된 주먹도끼는 인류 역사상 가장 오랜 기간 사랑 받아온 최장기 베스트셀러 도구라고 할 수 있다. 이토록 오랜 기간 인류가 애용해온 주먹도끼가 더 놀라운 점은 기본적인 형태에 큰 변화가 없었다는 것이다. 왜 주먹도끼의 형태는 이토록 오랜 시간 유지되었을까? 주먹도끼를 만들던 고인류들에게는 정확한 설계도도 없었고 자세히 설명해줄 언어도 변변치 않았다. 오늘날 우리처럼 발달한 지능도 갖지 못했다. 그럼에도 주먹도끼가 비슷한 모양과 용도로 오랜 기간 생명력을 유지한 이유는 우선 주먹도끼가 가진 실용성에서 그 해답을 찾을 수 있다. 주먹도끼를 대체할 만한 뛰어난 다용도 도구가 등장하기 전까지는 주먹도끼는 그야말로 만능도구였다. 동물을 사냥하고 해체하는 데 쓸모가 있었음은 물론이고 나무를 다듬기도 하고 땅도 팔

수 있었다. 그리고 가지고 다니기도 비교적 편리했다. 또한 주먹도끼는 기본적인 제작방식만 잘 익히고 있으면 비교적 간단히 만들 수 있었다. 물론 돌과 돌을 적절하게 부딪쳐 최종 형태를 만들어 내는 주먹도끼의 제작과정 자체가 아주 단순한 것은 아니다. 하지만 그 제작기술을 습득하고 있으면 언제든지 적당한 돌을 주워 만들어 쓸 수 있는 유용한 석기였기 때문에 아주 오랜 시간 인류가 가장 애용하는 도구가 될 수 있었다.

우리가 또 주목해야 할 점은 주먹도끼를 제작하는 과정이 두뇌에 미쳤을 영향이다. 주먹도끼의 일관된 모양, 석기 형태의 대칭성, 비교적 균일한 크기, 양면을 다듬는 제작수법 등으로 볼 때 주먹도끼는 단순히 생존을 위해 일회성으로 제작한 것이 아니다. 주먹도끼를 만드는 데 집중력 있고 체계적인 창의력이 필요했다는 사실은 인류의 조상들이 세계를 바라보는 방법과 그들의 두뇌가 기능을 발휘하는 방식이 어마어마하게 진보했다는 것을 의미한다. 주먹도끼는 석기제작자들 사이에 공유되는 제작기술, 세대 간에 전수되는 문화적 메시지가 오랜 시간 동안 공유되고 지속되었음을 보여 주고 있다. 주먹도끼 형태 자체의 상징성과 기술이 전수되는 과정의 사회성은 두뇌 발달을 자극했을 것이다. 주먹도끼는 원재료가 되는 돌 속에 들어 있기도 하지만 설계도의 형태로 주먹도끼를 만든 이의 머릿속에 들어 있기도 하다. 아주 오랜 기간 비슷비슷한 모양의 주먹도끼를 만들고 사용하였다는 것은 주먹도끼를 만드는 기술이 후세대에 그대로 전달되었다는 것을 의미한다. 지금부터 약 160만 년 전 우리와는 다르게 생긴 호모 에렉투스들의 머릿속에 그려진 형태로 존재한 주먹도끼의 모양과 제작기술이 계속해서 이어져 내려왔기 때문에 주먹도끼는 그 형태적 특징을 유지하고 있을 수 있었다는 뜻이다.

주먹도끼 만드는 사람의 뇌를 최신 의료장비를 동원해 조사해 보니 매우 흥미로운 사실이 밝혀졌다. 돌을 솜씨 좋게 두드려 깰 때 작동하는 뇌의 특정부위가 말을 할 때 작동하는 부위와 거의 일치한다는 것이다. 주먹도끼를 만드는 능력이 발달하면서 언어를 구사할 수 있는 능력도 함께 발전했다는 설명인데 석기 만들기를 가르쳐본 경험에 비추어 볼 때 수긍이 간다. 주먹도끼 만드는 법을 가르치고 배우려면 원활한 의사소통이 필수적이다. 입 다물고 대충 두드려 깬다고 해서 만들 수 있는 게 주먹도끼가 아니기 때문이다. 주먹도끼 만들기와 뇌의 상관관계를 연구한 사람들은 주먹도끼를 만든 고인류가 현대인으로 치면 일곱 살 정도 어린아이의 언어 능력은 갖추고 있지 않았을까 라고 추정한다. 어떤 형태의 말이었는지는 정확히 알 수 없지만 충분한 의사소통을 했을 것은 틀림없다. 수십만 년 전 지금의 전곡리 한탄강변에 둘러 앉아 초보 주먹도끼 제작자들에게 저 돌 가져와라, 눈을 똑바로 떠라, 손은 이렇게 하라고 끊임없이 잔소리를 해댔을 구석기시대 꼰대들에 의해 주먹도끼의 제작기술이 전해졌다고 생각하면 인간의 사회와 공동체가 갖는 의미가 새로워진다.

주먹도끼는 인류 역사의 대부분을 함께한 석기이며 초기 인류가 만들어낸 놀라운 기술의 진보를 보여준다. 주먹도끼는 그 용도가 다양한 만능도구라는 점과 함께 그 모양이 좌우 대칭의 아름다운 모습을 갖추고 있다는 점에서도 주목된다. 주먹도끼가 가진 좌우 대칭의 조형성은 공들여 만들어 내야만 가능할 정도로 높은 수준이다. 그렇게 정교하게 돌을 떼어내려면 공이 많이 들어갈뿐더러 솜씨도 좋아야 한다. 초기 인류가 만든 주먹도끼는 평면도상에서도 옆면에서도 정면에서도 모두 대칭이다. 160만 년 전의 주먹도끼가 심지어 현대인의 눈으로 봐도 매력적인 모양을 하고 있는 것이다.

이런 주먹도끼의 대칭성은 매우 흥미롭다. 고고학자들이 아는 한 주먹도끼는 동물을 도축하고 식물을 자르고 나무를 깎는 일에 사용되었던 도구이기 때문이다. 도구의 기능만을 생각하면 굳이 이렇게 공들여서 좌우 대칭의 주먹도끼를 만들 필요 없이 간단히 떼어낸 돌조각으로도 충분한 효과를 거둘 수 있었을 것이기 때문이다. 그래서 주먹도끼의 대칭성이 인류의 예술본능과도 같다는 해석도 있다. 하지만 왜 이러한 좌우 대칭의 주먹도끼 모양이 나왔는가에 대해서는 여전히 의문을 가지고 있는 사람들도 있다.

주먹도끼의 대칭성에 과도한 의미를 부여하고 있다는 비판론자들은 석기를 만들 때 돌덩이에서 도구로 사용할 날카로운 박편을 최대한 많이 떼어내기 위해 돌을 이리저리 돌려가면서 양쪽 면으로 번갈아가며 떼어내다 보면 어느새 좌우 대칭의 주먹도끼 모양으로 돌덩이가 변한다는 것이다. 어느 정도의 대칭성은 이렇게 우연히 혹은 의도

하지 않았더라도 생긴다는 것이며 고도의 대칭성을 보이기 이전의 투박한 모양의 초기 주먹도끼들은 이런 과정을 통해서 만들어질 수도 있다는 것이다. 일견 그럴듯해 보이지만 날카로운 날을 많이 만들어내는 방법은 굳이 이리저리 돌을 돌리면서 떼어내지 않아도 한쪽 방향에서 일관되게 떼어내도 충분하다는 점에서 설득력이 약하다고 생각한다. 오히려 끝이 뾰족한 주먹도끼의 모양을 상정하고 박편을 떼어 나갔기 때문에 좌우 대칭의 주먹도끼의 최종형태가 만들어졌다고 보는 것이 타당할 것이다.

주먹도끼가 가진 좌우 대칭의 특징적인 모양이 원재료인 돌의 형태에 의해 좌우된다는 설명은 설득력이 있어 보인다. 강바닥을 굴러다니는 자갈돌들의 모양은 주먹도끼를 만들기 전부터 이미 대칭적이라는 것이다. 그렇기 때문에 애초에 좌우 대칭의 형태를 띤 석재를 사용해서 주먹도끼를 만들다 보면 굳이 심각한 노력을 하지 않아도 저절로 혹은 조금만 신경 써서 만들어도 정교한 좌우 대칭의 주먹도끼를 만들 수 있다는 것이다. 주먹도끼의 정형성에는 주먹도끼의 원재료인 석재의 형태가 중요한 역할을 하는 것은 틀림없다. 하지만 주먹도끼의 모양과 유사한 형태를 가진 원재료가 선택되는 것은 주먹도끼를 만들려고 하는 사람들의 머릿속에 들어 있던 설계도에 적합하기 때문에 선택되었다고 보는 것이 더 설득력이 있어 보인다. 좌우 대칭의 정형성을 갖는 주먹도끼의 최종 형태는 결국 주먹도끼를 만든 사람의 의도와 제작기술에 의해 결정되기 때문이다.

석기 연대기

우리 현생인류가 어느 날 갑자기 석기를 만들기 시작하면서부터 진화의 경쟁에서 살아남아 오늘날 21세기 지구상의 지배자와도 같은 위치를 강점하며 살고 있다는 점을 부인하기는 어렵다. 그래서 인류 진화의 발자취는 석기에 고스란히 남아 있다. 인류가 진화함에 따라 석기도 진화하였기 때문이다. 그리고 석기가 진화함에 따라 인류도 진화했다. 인류의 진화에서 극적인 과정들인 두 발로 일어서는 때, 본격적인 사냥꾼이 되어 아프리카를 벗어나는 때, 네안데르탈인과의 경쟁이 심해지던 때, 소위 인지혁명이라고 하는 지적능력 대폭발 등 중요한 시기마다 언제나 새로운 기술로 무장한 새로운 석기가 함께했다. 석기가 도구라는 점을 상기해 보면 비행기의 발명으로 지구적인 범위의 이동이 가능해졌고 컴퓨터와 인터넷의 발달로 정보혁명의 시대가 찾아오더니 인공지능의 시대가 되면서 숨가쁘게 4차 산업의 시대로 접어들었다는 게 이해가 된다. 이제 또 어떤 시대로 접어들게 될 것인가? 이미 우주까지 진출한 마당이니 인류의 지평은 새로운 도구의 발명과 더불어 점점 더 그 끝을 알 수 없는 지경에까지 다다를 것이다. 수백만 년 전 두 손에 깨어진 돌조각을 움켜쥐면서 숨가쁜 진화의 여정을 걸어왔던 인류가 앞으로 수백만 년 후 과연 어떤 모습으로 살아남을까? 상상은 짜릿하다.

인류의 출발은 두 발 걷기로부터 시작한다. 왜, 언제부터 두 발로 걷기 시작했는지에 대한 논의와는 별개로 두 발로 걷기 시작한 영장류부터 인류의 계보에 들어오게 된다. 네발로 걸을 때는 이동하는 데 필수적으로 필요했던 두 손이 두 발로 걷게 되면서 이동수단에서 해방되었다는 의미는 실로 대단하다. 동물은 움직이지 못하면 결국은 죽을 수밖에 없다. 사력을 다해 움직이는 데 동원되어야 할 두 손이 이제는 몸을 움직이지 않는 다른 용도로 쓰일 수도 있게 된 것이다. 두 발로 섰다는 의미는 두 손이 자유로워졌다는 것을 의미한다. 자유로워진 두 손이 생기면서 우리 인류는 비로소 석기를 만들 수 있는 신체구조를 갖게 되었던 것이다. 결국 어느 날 갑자기 석기를 만들게 된 것은 아니고 두 발로 걸을 수 있는 신체구조를 갖게 되기까지의 기나긴 진화의 선결 과정이 있었기 때문에 두 손을 사용해 석기를 만들 수 있게 되었다.

앞에서 언급했듯이 인류가 처음으로 석기를 만들기 시작한 때는 적어도 300만 년 전은 되는 것으로 보인다. 얼마 전까지만 해도 석기는 260만 년 전 호모 하빌리스가 처음 만들기 시작한 것으로 여겨졌지만 최근 들어 이보다 더 오래된 연대의 석기제작과 관련된 자료들이 속속 발견되고 있어 오스트랄로피테쿠스 단계에서부터 이미 투박한 석기를 만들어 사용하기 시작했을 것으로 생각된다. 직립보행의 역사가 700만 년 전부터 시작됨을 돌이켜 볼 때 직립보행과 석기제작의 사이에는 커다란 시간차가 있음을 알 수 있다. 두 발 걷기의 시작이 700만 년 전이 아니라 400만 년 전 부터라는 최근의 주장을 받아들이더라도 두 발로 걷기 시작한 이후부터 거의 100만 년이라는 시간이 지나서야 비로소 석기를 만들 수 있게 되었다는 것이니 석기라는 도구를 만들기 위한 인류의 신체적 정신적 메커니즘이 작동하는 과정이 얼마나 복잡하고 오래 걸려 완성된 것인가를 미루어 짐작할 수 있다.

최초의 석기는 물론 직접 돌을 깨서 만들어 사용한 석기를 말하지만 우연히 날카로운 돌조각을 사용해 보면서 석기날의 효용성을 알게 됐을 가능성이 크다. BBC의 다큐멘터리 〈인류 오디세이〉에서는 털북숭이 고인류가 날카로운 돌날에 손바닥을 베면서 흐르는 피를 보고 석기를 바라보고 뭔가 생각하듯 고개를 끄덕거리는 장면이 나온다. 뒤이어서 자기 손바닥에 피를 흘리게 하던 그 돌조각으로 악어의 사체에서 가죽을 벗겨내고 고기를 발라내게 되는데 석기를 처음 사용하게 되던 그때를 극적으로 구성한 장면이다.

인류가 처음 만든 석기들은 돌을 몇 차례 투박하게 타격해서 박편을 떼어낸 석기들이다. 박편을 사용했을 수도 있지만 초기 인류들의 주요 단백질 공급원이 뼈 속에 숨어있던 골수였다고 볼 때 박편을 몇 개 떼어낸 날카로운 찍개들은 두껍고 단단한 뼈를 으스러뜨리는 데 제격이었을 것이다. '아니 고작 뼈를 으스러뜨리려면 그냥 큰 돌로 내리치면 되지 뭘 그리 어렵게 돌을 두드려 깼을까?'라고 생각할 수도 있겠지만, 그게 사람이다. 자신을 둘러싼 환경을 그대로 받아들이지 않고 환경을 극복하려는 노력으로 돌을 깨서 석기를 만든 것이고 그래서 사람이 된 것이다. 이때 만들어진 석기들이 1세대 석기들이다. 올도완oldowan이라고 불리는 석기군이 대표적이며 구석기학자들은 'Mode 1'이라고 부른다.

투박하게 생긴 찍개 중심의 올도완석기를 사용하던 시대부터 거의 1백만 년 이상이 지나 비로소 주먹도끼가 등장한다. 주먹도끼가 처음 발견된 곳은 프랑스의 생트 아슐St.Acheul이라는 곳이다. 그래서 아슐리안Acheulean 주먹도끼라는 별칭을 얻게 되었다. 이처럼 중요한 주먹도끼가 경기도 연천군 전곡리유적에서 발견되기 전까지는 오직 서양에서만 발견되었다. 동양에서는 주로 찍개와 같은 석기들만 발견되었다. 서양의 구석기 학자들은 동양에서 주로 발견되는 찍개 같은 석기는 주먹도끼보다는 덜 복잡한 기술로 만들 수 있는 석기라고 주장했다. 주먹도끼를 만들 수 있는 서양의 구석기 제작기술이 찍개나 만들던 동양의 구석기 제작기술보다는 더 우월하다는 의미로 해석될 수 있는 대목이다. 받아들이기는 썩 내키지 않았지만 동양에서는 정교한 주먹도끼가 발견되지 않으니 인정할 수밖에 없는 학설이었다. 앞에서 언급했듯이 후에 아시아의 동쪽 끝 한반도의 전곡리유적에서 동아시아 최초로 주먹도끼가 발견되었고 소위 세계 구석기문화 이원론은 무너졌다.

주먹도끼를 만들 수 있었던 호모 에렉투스들은 도구를 만들 수 있었던 생각의 힘 즉 미래를 예측하고 계획하는 능력을 바탕으로 마침내 아프리카를 벗어나 다른 대륙으로 진출했다. 그들이 산 너머 강 건너 미지의 새로운 세계를 찾아 길을 떠날 때 가장 먼저 챙긴 유물은 주먹도끼였을 것이다. 구석기시대의 만능도구 주먹도끼는 먼 길 떠나는 이들이 당연히 가지고 가야할 생존도구이자 무기였기 때문이다. 주먹도끼를 만들어 사용하던 시기에 만들어진 석기들은 2세대 석기들이다. 'Mode 2'라고 부른다. 여기까지를 전기구석기시대로 구분하기도 한다.

석기제작기술이 점점 발달하면서 르발루아 기법이라고 하는 복잡하고 혁신적인 석기제작기술이 등장한다. 르발루아 기법 역시 이런 제작기법으로 만든 석기가 발견된 프랑스 파리 교외 유적지인 르발루아 뻬레Levallois-Perret에서 이름을 따왔다. 이런 석기들은 아프리카와 유럽의 20~30만 년 전의 구석기 유적에서 주로 발견된다. 이 르발루아 석기제작기술이 등장한 단계를 'Mode 3'이라고 부른다. 르발루아 기법으로 석기를 제작하려면 우선 둥근 형태의 석재를 빙 돌아가면서 타격하여 위에서 보면 마치 거북등처럼 보이는 르발루아 몸돌 즉 준비된 몸돌을 만드는 것으로부터 시작한다. 이전 단계보다 좀 더 발전된 제작 기법으로 연속된 과정과 단계를 거쳐 돌을 깨어 나가게 되는 것이 특징이라고 할 수 있다. 이렇게 만들어진 르발루아 몸돌을 강하게 타격하여 르발루아 격지를 떼어낸다. 떨어져 나온 격지들은 끝이 뾰족하고 양면에 날카로운 날을 가진 삼각형 모양이 된다. 이 격지들은 창끝이나 돌칼 등 여러 가지 용도로 사용된다. 석기제작방식의 설명이 매우 복잡할 정도로 르발루아 석기는 이전 단계와 비교해서 기술이 매우 정교해졌다.

후기구석기시대에 접어들면서 생존을 위해서 잡아야만 하는 사냥감의 크기와 종류가 변했다. 빠르고 날쌘 소형동물들을 사냥하기 위한 도구를 만들기 위해 석기제작기술은 점점 더 정교해지고 다양해져 갔다. 이전 단계의 석기제작기술이 돌과 돌을 직접 부딪쳐서 석기를 만드는 직접타격법에 의존했다면 석기제작기술이 최고조에 달하는 'Mode 4' 단계에서는 사슴뿔로 만든 일종의 정을 사용해서 석기를 만드는 간접타격법이 사용되기 시작한 것이 특징적이다. 후기구석기시대에 등장하는 투창기나 활 같은 투척무기에는 가볍고 단단하고 치명적인 위력을 가진 정교한 석기가 꼭 필요했다. 이런 석기를 만들기 위해 개발된 또 하나의 혁신적인 석기제작기법이 돌날을 떼는 기술이다. 가늘고 길쭉한 돌날을 떼어내기 위해서 사슴뿔로 만든 정을 사용하는 간접타격법이 발달하게 되었다. 가늘고 길게 그리고 일정한 모양으로 떼어낸 돌날은 후가공을 통해 최종 용도를 맘껏 변용할 수 있는 만능소재였다. 지금으로 치면 반도체에 비견된다고나 할까? 이 돌날 활용의 마지막 단계에 또 하나의 혁명적 석기제작기술인 눌러떼기 기술이 등장한다. 사슴뿔 끝부분으로 다듬어야 할 돌날의 날부분을 지긋이 누르면서 마치 물고기의 비늘과 같은 모양의 자그마한 격지를 정교하고도 예리하게 연속해서 떼어내는 기술이 가압박리법이라고 하는 눌러떼기다. 눌러떼기 기술을 사용하여 만든 창끝찌르개나 화살촉은 정교하고 아름답게 만들어졌다. 마치 예술품같이 아름다운 모양이다. 생존을 위한 도구로 이 석기들을 만들던 사람들이 예술품을 만든다는 생각을 하면서 이런 정교하고 아름다운 석기를 만들지는 않았겠지만 최종적으로 만들어진 석기들은 매우 유용하면서도 아름답다. 그렇지만 한 땀 한 땀 떼어낸 정교한 물결무늬 사이로 멈추지 않고 쏟아지는 피를 흘리며 죽어가던 사냥감에게는 그야말로 치명적인 아름다움이었을 것이다. 훌륭한 디자인은 아름다우면서 기능을 확실하게 발휘하는 디자인이라고 할 수 있다. 이런 관점에서 Mode 4의 최종단계에서 만들어진 정교하게 눌러뗀 석기들은 디자인과 기능이 완벽하게 조화된 도구라고 할 수 있을 것이다. Mode 4까지의 혁신을 이루며 궁극의 석기제작기술 발전을 이룬 구석기시대는 갈아서 매끄럽게 만드는 완전히 다른 차원의 혁신적인 석기제작기술이 등장하면서 신석기시대로 넘어가게 된다.

돌은 아름답다

돌은 아름답다! 영원한 신라인이라 불리는 고청 윤경렬 선생이 1963년에 펴낸 우리나라 최초의 어린이박물관학교 교재 《석기이야기》의 첫 구절은 이렇게 '돌은 아름답다'로 시작한다. 윤경렬 선생은 6.25 전쟁이 막 끝난 직후인 1954년에 국립박물관 경주분관장 수묵 진홍섭 선생과 의기투합하여 경주박물관 학교를 만들었다. 혹독한 전쟁의 화마가 채 가라앉지도 않은 그 어려운 시기에 새로운 희망인 어린이들에게 문화교육의 씨앗을 뿌리신 선각자이시다. 선생은 틈날 때마다 아이들을 데리고 석굴암이며 불국사, 남산, 황룡사지 등 경주의 이곳저곳을 답사 다녔다. 지금은 너무나 익숙한 문화유산교육의 현장답사 모습이지만 그 당시 맘껏 공부는커녕 제대로 먹지도 못하는 아이들을 데리고 문화재를 찾아다니는 선구적인 교육활동을 했으니 선생은 문화재계의 전설적인 영웅이라고 해도 과언은 아니다. 선생은 아이들과 함께하는 야외답사 도중 간간히 고고학 유물을 발견하기도 하셨는데 황토 사이로 빼꼼히 머리를 내밀고 반짝이는 석기를 발견하였을 때 큰 기쁨을 느끼셨다고 한다. 남들 눈에는 그저 평범한 돌멩이로밖에는 안 보이지만 그 돌멩이의 가치를 알아본 사람만이 느낄 수 있는 애틋한 기쁨과 즐거움을 '돌은 아름답다'는 한마디로 기막히게 표현하셨던 것이다.

구석기시대는 우리와 너무나 머나먼 수백만 년 전, 수십만 년 전 과거의 시간이다. 그래서 나와는 전혀 관계가 없는 사람들이 살았던 때라고 생각하기 쉽다. 그리고 구석기라고 하는 유물들은 사실 아무렇게나 굴러다니는 돌조각과 다름이 아니어서 수십만 년 전 구석기시대 사람들이 만들어서 사용했던 유물이라는 감동을 느끼기는 쉽지가 않다. 앞서 말했듯이 "이 주먹도끼야말로~"라고 설명을 시작하면 예의 "그거 그냥 돌멩이 아니에요?"하는 야유성 질문이 돌아오기가 십상인 이유다. 아는 만큼 보인다는 말도 있지만 일반인들이 석기 특히 전기구석기시대의 투박한 찍개나 주먹도끼를 보고 '이것이 구석기시대 사람들이 만든 석기유물이구나.'라고 알아차리기는 쉽지 않다. 그래서 항상 이 석기가 정말로 구석기시대 사람들이 만든 물건인가에 관심이 많고 대부분의 사람들은 석기를 보고 그저 평범한 돌멩이라고 생각하는 것이다.

하지만 석기가 무엇인가를 알고 나서 구석기시대의 대표적인 석기인 주먹도끼를 가만히 들여다보고 있으면 참으로 아름답다는 생각을 하게 될 것이다. 약 160만 년 전의 고인류 호모 에렉투스가 만들기 시작한 주먹도끼가 평면에서도 옆면에서도 모두 대칭에 가깝다는 점이 놀랍다. 좌우 대칭의 날을 가진 주먹도끼는 아무렇게나 툭툭 떼어내서는 만들 수가 없는 정교한 석기다. 머릿속에 그려진 설계도를 따라 의도한 작업 순서대로 차근차근 떼어내야만 완성할 수 있는 석기다. 주먹도끼를 처음 만들었던 호모 에렉투스들에게는 자기 눈앞에 보이지 않는 주먹도끼를 상상할 수 있는 추상적 사고 능력이 있었다. 잘 만든 주먹도끼를 한 손에 쥐어보면 손가락과 손바닥의 모양을 생각하며 잘 쥐어지는 모양으로 만들었음을 알 수 있다. 그래서 주먹도끼를 손도끼라고도 한다. 손으로 정확하게 꽉 잡을 수 있는 모양으로 만들다 보니 좌우 대칭의 아몬드알 같은 예쁜 모양이 나왔을 것이다. 주먹도끼는 모양만 예쁜 게 아니라 기능적으로도 뛰어나다. 이미 160만 년 전의 고인류에게 도구의 기능을 살려주는 디자인 감각이 있었다고 볼 수 있다. 오늘날 이른바 명품을 표방하는 물건들은 기능과 잘 어우러지는 멋들어진 디자인이 생명이다. 그래서인지 주먹도끼는 현대인의 눈으로 봐도 참 매력적이다.

후기구석기시대로 접어들면 누가 보더라도 아름답다고 느끼는 석기들이 대거 등장한다. 월계수 잎모양의 찌르개, 날렵한 자태를 뽐내는 화살촉 등등 얄팍하고 정교하며 날카로운 석기들이 대거 등장한다. 실제로 나뭇잎을 보고 나뭇잎의 모양을 따라 석기를 만들었는지 알 수 없지만 버드나무 잎사귀 같은 모양을 하고 마치 물고기의 비늘처럼 잔손질이 정성스럽게 베풀어진 정교한 창끝찌르개는 그 자체로서도 예술품이라고 할 수 있을 정도로 아름답다. 물론 석기를 만들던 그 당시 구석기사람이 예술작품으로 석기를 만들었다는 뜻은 아니지만 이런 유물에도 기능을 극대화하기 위한 디자인적인 요소가 가미되어 있으니 결국은 예술작품이라고 해도 무방할 것이다.

후기구석기시대의 화살촉이나 창끝찌르개 같은 유물은 눌러떼기라고 하는 혁신적인 기술에 의해서 제작되었다. 돌을 직접 두드려깨는 방식이 아니라 사슴뿔 같은 소재로 꾹 눌러서 힘을 가해 떼어내는 기술을 '눌러떼기'라고 하는데 영어로는 Pressing, 한자로는 가압박리加壓剝離라고 한다. 흑요석이나 플린트같이 입자가 곱고 날도 날카롭게 떨어져 나가는 석재들을 사용하여 정교하게 또각또각 눌러서 떼어낸 석기들은 마치 잔잔한 물결 같은 모양으로 정교하고도 아름답게 다듬어져 있다. 햇빛에 비쳐보면 마치 물고기비늘 같기도 하고 물결치는 파도를 연상시키기도 하는 모양의 작은 홈들이 정연하게 늘어서 있는 화살촉이나 창촉은 사냥감에 박혔을 때 그 작은 홈들 사이로 피가 멈추지 않고 계속 흐르게 하는 기능적으로도 뛰어난 첨단무기다. 지금 우리의 눈에는 그저 아름답게만 보이는 이 정연하고 치밀한 작은 홈들은 사냥감들에게 치명상을 입히는 공포의 기술적 요소가 되는 것이다. 후기구석기시대에 발달하는 투창기나 활에 사용할 가벼우면서도 튼튼하고, 사냥감에게는 치명상을 입힐 수 있는 예리한 날을 가진 효율적인 석기를 만드는 과정에서 기능을 극대화하기 위한 여러 가지 시도 끝에 자연스럽게 기능을 뒷받침하는 디자인적인 요소가 가미되었다고 할 수 있을 것이다.

나는 가끔 구석기시대의 주먹도끼를 직접 만들어보고 사용해 보는 실험고고학 연구를 하곤 한다. 다양한 석기를 직접 만들어 보고 실제로 사용도 해보면서 구석기시대 사람들이 어떤 방식으로 만들고 또 어떻게 사용하였는가를 어느 정도 짐작할 수 있다. 한편 현미경으로 석기의 날을 자세히 관찰하면 이 석기가 가죽을 벗기는 데 썼는지 고기를 자르는 데 썼는지 아니면 나무를 자르는 데 썼는지를 구분할 수도 있다. 석기의 사용흔 분석이라는 과학적인 연구방법 덕분이다. 그런데 실제로 석기를 만들어서 사용해 보면 가죽을 벗기고 고기를 써는 용도 즉 석기의 기능만을 생각한다면 주먹도끼와 같이 오랜 시간 공을 들여 높은 수준의 대칭성을 가진 석기를 굳이 만들 필요는 없다는 점을 알 수 있다. 한두 번의 타격만으로 투박하게 떼어낸 돌조각만으로도 충분히 가죽을 찢고 고기를 썰고 나무껍질을 벗길 수 있다. 그래서 주먹도끼의 아름다운 대칭성은 더 흥미롭다. 고고학자들이 아는 한 주먹도끼는 동물을 도축하고 나무를 다듬는 일에 사용되었던 도구이기 때문이다.

좌우 대칭의 아름다운 모양을 가진 주먹도끼를 떼어내려면 공이 많이 들어갈뿐더러 솜씨도 아주 좋아야 한다. 그렇다면 초기 인류는 왜 구태여 고도의 대칭성을 가진, 마치 예술품과도 같은 정교한 주먹도끼를 오랜 시간 공들여 만드는 수고를 했을까? 아마도 자기가 쓰는 도구를 아름답게 장식하고자 하는 욕구가 인간의 본성이기 때문일 것이다. 멋들어지게 장식된 사냥총 개머리판이나 화려한 무늬가 새겨진 칼자루를 떠올려 보시기 바란다.

많은 구석기 학자들이 좌우 대칭의 균형미를 갖춘 주먹도끼를 만들기 시작한 초기 인류에게 이미 예술적 사고의 싹이 트고 있었다고 생각한다. 이런 의미에서 주먹도끼는 인류 최초의 미술품이라고도 할 수 있을 것이다. 그래서 윤경렬 선생 말씀처럼 돌은 아름다운 것이다.

한 치 앞도 내다볼 수 없는 팽팽한 긴장감으로 꽉 찬 일상도 모자라 미세먼지로 가득한 도심을 걷노라면 참으로 고달픈 인생이라는 한숨이 절로 나올 때도 있을 것이다. 가까운 박물관을 찾아가 주먹도끼를 가만히 들여다보면서 이제 보니 돌이 참 아름답구나 하는 여유를 가져보시기를 감히 권해본다.

족대의 추억

어린 시절 족대(혹은 반두)를 둘러메고 동네 개울가에서 송사리라도 잡아본 경험이 있는 사람들은 물고기 잡기가 제법 쉽지 않다는 것을 잘 안다. 첨벙대면서 힘들게 물고기를 몰아 기껏 족대를 들어 올려 보면 물고기는 다 도망가고 그물에는 돌멩이만 몇 개 들어 있는 경우가 태반이었다.

진화의 생존경쟁에서 인류가 선택한 전략은 '무엇이든 먹는다'였다. 지금 생각해 보면 우리 조상이 잡식의 길로 들어선 것은 참 다행이다. 만일 초식을 선택했다면 가방 가득 풀을 싸가지고 다니면서 온종일 질겅질겅 씹어대야만 했을지도 모를 일이다. 잡식을 택한 인류에게 얕은 물속에 들어가 손만 뻗으면 잡을 수 있는 조개는 매력적인 식재료였다. 조개는 훌륭한 영양공급원이었고 맛도 좋았다. 우리 사람이 어떻게 두 발로 걷게 되었는지를 설명하는 수많은 이론 중에 소위 수변적응설이 있다. 다름 아닌 이 조개를 잡기 위해 들어간 물속에서는 부력에 의해 허리를 쭉 펴고 일어서기가 땅 위에서 보다 쉬웠고, 물속에서 두 발로 똑바로 서게 된 인류는 오랜 시간이 흘러 육지에서도 두 발로 걷게 되었다는 것이다.

조개를 잡으러 물속으로 들어갔던 인류는 자연스럽게 물고기에게도 눈독을 들였을 것이다. 문제는 물고기를 맨손으로 잡기는 거의 불가능했다는 것이다. 하지만 불가능을 가능하게 하는 게 우리 인류의 주특기가 아니던가? 그리고 손으로도 잡을 수 있는 물고기, 메기가 있었다.

석기 사용이 동물성 단백질의 섭취와 연관된 것으로 설명되는 경향이 너무 강해서 초기 인류의 음식물 목록에 물고기가 있었다는 사실이 간과되기도 한다. 최근 들어 동아프리카 케냐의 투르카나 호수 주변 올두바이 협곡의 유적들에서 초기 인류들이 물고기도 주요한 식량자원으로 활용했음을 보여주는 증거들이 속속 밝혀지고 있어 물고기들의 존재감을 다시 부각시키고 있다. 올두바이 고지에서 발견된 투박한 석기들과 살을 발라낸 흔적인 'cut mark'가 남아 있는 동물 뼈들 사이에서 물고기 뼈들도 확인되었기 때문이다. 그리고 이곳에서 고인류가 잡아먹었던 물고기의 80% 이상은 메기로 밝혀졌다. 나머지는 거북이나 악어같이 물에서는 민첩하지만 뭍에서는 행동이 굼뜬

동물들이었다.

낮시간에는 주로 얕은 개울 바닥의 바위틈이나 수초 사이에 몸을 숨기는 메기는 맨손으로 물고기를 잡는 달인을 소개하는 프로그램에 자주 등장하는 물고기다. 그래서 변변한 낚시 도구를 갖추지 못했던 초기 인류가 잡아먹은 물고기의 대부분이 메기였던 것은 당연해 보인다. 195만 년 전의 동아프리카 투르카나 호수 주변에 자리잡았던 고인류들은 동물성 단백질과 함께 메기와 같은 물고기에서 양질의 영양분을 섭취할 수 있었으며 그 결과 뇌의 크기도 커지고 지능도 발달하게 되었을 것이다. 인류의 성장에 물고기의 공로도 지대하다는 뜻이다.

스페인 남단 지브롤터 해안 동굴들에서 발견된 네안데르탈인의 주거지에서 돌고래와 물개 뼈가 발견됐다. 이들 뼈에는 석기로 해체한 흔적이 남아 있었다. 이곳에서 3만~6만 년 전에 살았던 네안데르탈인들도 물개와 돌고래 등 지금까지 알려진 것보다 훨씬 다양한 식량자원을 활용했다는 것이다. 네안데르탈인이 물개와 돌고래도 잡아먹을 수 있었던 뛰어난 사냥꾼이었다는 이야기인데 네안데르탈인이 왜 멸종했는가에 대한 질문을 더 복잡하게 해주는 사례라고 볼 수 있다.

언제까지 맨손으로 작은 메기만 잡아먹을 수는 없을 터, 더 커다란 메기를 향한 인류의 욕망은 물고기잡이용 도구의 발달을 가져왔다. 1988년 당시 자이레였던 현 콩고민주 공화국의 세밀키강 유역 카탄다에서 뼈로 만든 작살이 발견되었다. 카탄다작살로 알려진 이 유물은 무려 9만 년 전에 만들어진 것으로 현재까지 알려진 인류 최초의 작살이다. 뾰족하고 날렵한 몸통의 한쪽 면에 날카롭게 날을 세운 미늘은 한번 물고기에 꽂히면 빠지지 않을 것 같은 위협적인 모양이다. 아래쪽에는 2단의 홈을 만들어 나무창에 단단히 결합하여 사용하였음을 보여 준다. 이런 복잡한 모양의 작살을 만드는 데는 돌보다는 뼈나 뿔이 훨씬 더 효율적이다. 석기와 함께 당당히 존재감을 뽐내는 골각기가 본격적으로 사용되는 시기에 접어 들었음을 알 수 있다. 한편 이 작살이 발견된 유적에서는 커다란 메기의 뼈가 많이 발견되었다. 카탄다작살은 자이언트메기를 잡기 위해 매년 이곳을 찾아오던 메기사냥꾼들이 들고 왔던 작살이다. 1m가 넘는 커다란 메기에 작살을 꽂기 위해 동분서주하던 9만 년 전 능숙한 메기사냥꾼들의 유전자는 아직도 콩고강 일원의 후손들에게 남아 있다.

이렇듯 작살은 오랫동안 인류가 애용하던 물고기잡이 도구였다. 한쪽만 있던 미늘이 양쪽에 달리고, 어렵게 만든 작살을 잃어버리지 않고 회수하기 위해 구멍을 뚫어 끈으로 연결하는 방식으로 작살의 완성도는 점점 더 높아졌다. 이런 정교한 물고기잡이용 작살은 후기 구석기시대 유적에서 다량으로 발견되는데 이때가 되면 기온도 따뜻해지고 주거지와 가까운 곳의 강이나 개울의 수심도 얕아져 물고기를 비롯한 어족자원의 이용이 매우 활발했음을 보여주고 있는 것이다.

작살로 잡는 물고기에 만족하지 못했던 인류는 마침내 낚싯바늘을 발명한다. 사실 요즈음의 강태공들이 애용하는 모양의 낚싯바늘은 대부분 신석기시대 이후에 나타나는 것으로 보아도 큰 무리가 없다. 구석기시대 유물 중에 제대로 된 낚싯바늘의 형태를 갖춘 유물이 발견된 예가 매우 드물기 때문이다. 2011년 조개 껍데기로 만든 두 점의 낚싯바늘이 동티모르의 해안가 제리말라이 유적에서 발견되었다. 유물의 연대는 1만 6천~2만 3천 년 전으로 측정됐는데 당시에는 가장 오래된 구석기시대의 낚싯바늘이었다. 2017년에는 일본 오키나와의 한 동굴에서 역시 조개껍데기로 만든 낚싯바늘이 발견되었다. 동티모르의 낚싯바늘과 비슷한 시기인 약 2만 3천 년 전의 유물로 밝혀졌다. 동티모르와 오키나와에서 발견된 초기의 낚싯바늘은 조개껍데기의 둥그렇게 돌아가는 겉모양을 따라 가공하여 만들었던 것으로 보인다. 그러고 보면 조개도 인류에게 많은 공헌을 하는 생물인 것이 틀림없다.

이들 낚싯바늘은 후기구석기시대에는 물고기잡이가 일상화되었으며 우리가 생각하는 것보다 훨씬 오래전부터 여러 가지 도구를 사용해 물고기들을 잡았다는 것을 보여준다. 더구나 바닷가의 유적들에서 낚싯바늘이 발견되었다는 것은 해안가에서 바다낚시를 했거나 뗏목이나 배를 타고 가까운 바다에 나가 낚시를 했을 가능성도 보여주고 있어 주목된다.

낚싯바늘은 2005년 포브스지가 선정한 인류역사의 20대 발명품에 선정되었다. 필요는 발명의 어머니라고 했던가? 낚싯바늘이라는 매우 복잡한 발명품이 등장한 배경에는 작살로 마구잡이 물고기잡이를 한 결과 얕은 물에서 비교적 손쉽게 잡을 수 있는 물고기들이 줄어들어 버렸기 때문일지도 모른다. 점점 더 줄어드는 물고기를 잡기 위해 좀 더 깊은 물속에 사는 물고기를 노려야 했을 것이다. 또 대형 민물고기들이 사라지기 시작하자 더 큰 물고기를 잡으러 결국 바다로 떠날 수밖에 없었을 것이다.

다시 앞의 족대로 돌아가 보자. 족대의 그물 밑부분에는 개울 바닥에 밀착시키기 위해 무게감이 있는 추가 쪼르르 달려있다. 이게 바로 그물추(어망추)다. 고고학 유적에서 그물추가 나오면 그곳에 살았던 사람들이 물고기를 잡아먹었다는 것을 짐작할 수 있다. 유난히 더웠던 2018년 여름 강원도 정선의 매둔동굴에서 연세대학교 박물관 고고학조사단이 중요한 유물을 발견했다. 납작한 자갈돌을 모루돌 위에 올려놓고 두드려 양쪽 끝부분을 깨서 만든 그물추가 여러 점의 작은 물고기 등뼈와 함께 발굴된 것이다. 구석기시대 한반도에 살았던 사람들에게는 수렵과 채집뿐만 아니라 어로도 중요한 생계수단이었다는 것을 보여주는 유물이다. 놀라운 것은 조사단이 밝힌 이 그물추의 연대가 무려 2만 9천 년 전의 후기구석기시대라는 점이다. 지금까지 발견된 그물추 중에서는 세계에서 가장 오래된 시기의 것이라고 한다.

작살로 찌르거나 낚싯바늘로 낚는 고기잡이 기술로 잡는 물고기는 한 번 던지면 한 마리가 기본이다. 그렇지만 그물을 이용하면 한 번의 그물질로 한꺼번에 여러 마리의 물고기를 잡을 수 있다. 훨씬 효율적인 물고기잡이다. 그물을 짜서 고기를 잡는 방법은 주로 신석기시대 이후에 등장하는 것으로 알려져 있는데 그물을 물속에 가라앉히기 위해 매달았던 그물추가 강원도 정선의 매둔동굴에서 발견되었다는 것은 비록 유기물인 그물이 썩어 없어져 흔적이 남아 있지 않을 뿐이지 이미 구석기시대 사람들이 그물을 사용해 물고기를 잡아먹었다는 증거라고 할 수 있다.

그물 짜는 기술을 익힌 구석기 사람들은 촘촘하게 짠 그물로 족대 같은 모양의 도구를 만들어 빠르게 헤엄치는 물고기를 잡았을 것이다. 후기구석기시대 예술품으로 유명한 비너스상의 모자나 옷에서 그물망의 모양을 찾을 수 있다는 점에서 적어도 2만 년 전후에는 충분히 고기 잡는 그물을 짤 수 있었던 것으로 예측된다. 사실 구석기 비너스의 그물 모자를 상기해 보면 2만 9천 년이라는 정선 매둔동굴의 그물추 연대가 그리 놀라운 연대도 아니다. 이미 수만 년 전부터 그물을 짜고 물고기를 잡는 사람들이 살았던 이 땅에 이제는 마땅히 족대 하나 드리울 개울조차 제대로 남아 있지 않다는 것이 놀라운 일이다.

나는 바늘이로소이다

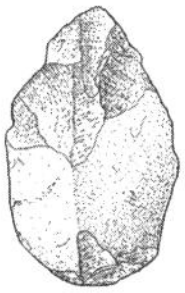

인류가 발명한 수많은 발명품 중에 그 역할에 비해서 가장 저평가 받고 있는 유물을 꼽으라면 단연 바늘을 첫손에 꼽고 싶다. 바늘 중에서도 귀가 있는 즉 실을 꿸 수 있는 구멍이 뚫린 바늘이 인류 진화의 역사에서 차지하는 비중은 상상을 초월한다. 인류 역사는 바늘의 등장 이전과 이후로 나뉜다고 할 수 있다. 진화의 여정을 순항하던 인류에게 다가온 매서운 빙하기의 추위는 감당하지 못할 고난이었다. 이때 등장한 바늘, 바늘귀가 달린 바늘로 꼼꼼하게 꿰맨 옷과 신발은 인류가 빙하기의 추위를 극복하게 해주었다. 이렇듯 바늘은 인류의 운명을 바꿔놓은 위대한 발명품이다. 이제 바늘이 들려주는 이야기를 들어보자. 귀 달린 바늘의 이야기다.

수백만 년에 걸친 인류의 역사를 되새겨 보면 그 과정은 순탄치 않았다. 인류 진화의 역사는 지구상에 인류의 무대를 넓혀 나가는 과정과 다름이 아니다. 더운 기후의 아프리카에서 출발한 인류가 다양한 기후대를 정복하며 결국은 추운 극지방에까지 진출하는 과정이 인류 진화의 역사인 것이다. 이 과정에서 바늘이 커다란 공을 세웠다. 바늘의 숨겨진 공적을 설명하려면 우리와는 다른 길을 걸었던 또 다른 인류 네안데르탈인의 얘기가 곁들여진다.

네안데르탈인과 우리 호모 사피엔스가 정다운 이웃사촌으로 오순도순 살았던 것 같지는 않지만 어쨌든 두 종류의 다른 사람들이 나름대로의 생존 전략을 가지고 번성하였던 시기는 마지막 빙하기였고 이때는 추위가 극성을 부리던 때였다. 체온을 일정하게 유지하는 항온동물은 같은 종일 경우 추운 곳에 살수록 일반적으로 몸의 크기가 크다는 베르그만의 법칙을 잘 따라 네안데르탈인은 우리 사피엔스보다 얼굴이 크고 근육이 잘 발달한 큰 몸집과 단단한 체격을 가졌었다. 어찌 보면 우리 사피엔스들보다 더 추운 기후에 잘 적응할 수 있도록 체질적인 특징까지 변화시켜가며 눈물겨운 노력을 했던 사람들이라고 할 수 있다. 평균 뇌용량마저 놀랍게도 우리보다 컸던 이들 네안데르탈인은 사피엔스와의 경쟁에서 뒤처지고 결국은 혹독한 빙하기를 견뎌내지 못해 멸종하였다. 정교한 석기도 만들 줄 알았고 뛰어난 사냥꾼이었던 네안데르탈인들은 도대체 뭐가 부족해서 지금은 사라지고 우리 호모 사피엔스만이 살아남아 70억이 넘는 거대한 집단을 이루며 지구 위에 못가는 곳 없이 구석구석 퍼져 살고 있는 것일까?

이 수수께끼를 풀 열쇠를 쥐고 있는 게 바로 바늘, 귀 달린 바늘이다. 호모 사피엔스의 위대한 성공 뒤에는 인류역사상 최고의 혁신적인 도구들 중 최고 순위를 차지하는 바늘이 버티고 있는 것이다. 바늘과 어깨를 나란히 하는 도구는 주먹도끼나 돌날 그리고 도구로 볼 수 있을지 모르겠지만 불 정도가 될 수 있을 것이다. 현재까지의 고고학 증거로 볼 때 호모 사피엔스에게는 바늘이 있었지만 네안데르탈인들에게는 바늘이 없었던 것으로 보인다. 가죽을 뚫는 송곳 정도가 옷을 만드는 도구였던 네안데르탈인에 비해 호모 사피엔스들에게는 정교한 바느질이 가능한 귀 달린 바늘이 있었다. 이 작은 차이밖에 없었다. 송곳에 구멍을 뚫어 귀 달린 바늘을 만들었던 그 작은 차이가 호모 사피엔스와 네안데르탈인의 생존을 결정지었다.

구석기시대의 비너스로 불리는 조각상들에 이미 바느질을 한 듯한 직물의 흔적이 남아 있는 것으로 보아 귀 달린 바늘이 최초로 등장하는 시기는 대략 4만 년을 전후한 후기구석기시대로 생각되지만 고고학적으로 확인되는 유물 중 가장 오래된 귀 달린 바늘은 약 2만 5천 년 전의 그라베티안 시기의 것들로 알려져 있다. 동물의 뼈나 뿔, 송곳니 등으로 만들어진 구석기시대의 바늘은 빙하기 이후에 인간이 더 추운지방까지 퍼져 나가 정착할 수 있게 만들어준 도구일 뿐만 아니라 물고기를 잡는 어망을 짤 수도 있게 해주었고 물건을 보관하고 운반하는 가방을 만드는 데도 사용되었다. 후기구석기시대에 등장한 바늘은 호모 사피엔스의 필살기였던 셈이다.

이제 상상의 나래를 펴보자. 눈보라가 몰아치는 빙하기의 한복판 두 무리의 사람들이 눈 덮인 산을 넘고 벌판을 가로질러 각각 다른 방향으로 고난의 행군을 하고 있다. 방향은 다르지만 무리는 모두 순록 떼의 발자국을 뒤쫓아 가고 있다. 이들은 날카로운 창끝찌르개를 장착한 창을 손에 들고 있다. 거친 숨을 몰아쉬며 한발 한발 내딛는 이들은 무리를 이끄는 경험 많은 사냥꾼의 지시에 때로는 달리기도 하고 때로는 엎드리기도 하며 사냥감을 잡기 위한 힘겨운 사투를 벌이고 있다. 언뜻 보면 더 억세고 힘 좋아 보이는 무리가 이 사냥 대결에서 더 유리해 보인다. 이제 점점 시야를 좁혀 보자. 호리호리하고 힘없어 보이는 무리의 두 발에는 잘 꿰매진 가죽 신발이 신겨져 있어 거침없이 눈밭을 헤쳐 나간다. 반면 땅딸막하고 다부진 체격을 가진 무리들은 둘둘 감은 가죽발싸개가 연신 벗겨져서 두 발이 파랗게 동상이 걸릴 지경이다. 잠시 멈춰 서서 가죽발싸개를 여미는 동안에는 어깨에서부터 둘둘 감아서 성긴 구멍 사이로 찬바람이 분다. 움츠러든 몸을 더욱 오싹하게 만든다. 가죽끈으로 얽어맨 가죽옷이 계속 흘러내려 신경이 쓰인다. 순록을 잡아야만 주린 배를 채울 텐데 추위는 점점 심해져 몸을 제대로 가누기조차 어려울 정도로 체온이 떨어진다. 할 수 있는 것이라곤 다 함께 모여 앉아 서로의 체온을 나누는 것밖엔 뾰족한 도리가 없었다.

날렵한 가죽신을 신은 호리호리한 무리들은 두 팔을 감싸는 여우

가죽 토시도 솜씨 좋게 만들었는데 작은 구멍들이 촘촘히 뚫린 사이에 사슴힘줄로 만든 질긴 실이 교차하면서 꽉 아물려 바람 한 점 들어올 틈도 없고 나무창을 던지는 데도 불편하지 않았다. 멀리서 순록떼를 발견한 이들은 재빠른 걸음으로 널리 퍼져 기세 좋게 창을 던져 몇 마리의 순록을 잡았다. 금세 불을 피운 무리는 날카롭게 다듬어진 돌칼로 순록의 뒷다리에서 힘줄부터 잘라냈다. 이 힘줄들은 튼튼한 실이 되어 이들에게 더 따뜻한 옷을 제공해 줄 것이다. 물론 귀 달린 바늘이 이 모든 것을 가능하게 했다.

상상이 되시는가? 귀 달린 바늘이 어떤 역할을 했는지? 추위가 몰아치고 급격히 변화하는 빙하기의 혹독한 눈바람을 견뎌내기 위해서는 동상을 조심하고 체온을 일정하게 유지하는 것이 삶과 죽음을 갈랐다. 얼기설기 털가죽을 두른 채 매서운 추위에 맞서던 네안데르탈인은 체질적인 변화까지 감내하며 급변하는 환경에 맞서 싸웠다. 하지만 문화적인 진화의 길을 선택해서 바늘귀 달린 바늘을 발명한 호모 사피엔스의 적수가 되지는 못하였다.

결론을 정리해 보자. 호모 사피엔스가 수백만 년 동안 지구상에 나타났다가 사라진 여러 종의 고인류들과의 경쟁에서 비교우위에 설 수 있었던 첫 번째 비결은 주먹도끼를 비롯한 뛰어난 석기 즉 사냥도구를 만들 수 있었던 능력 덕분이다. 두 번째 비결은 끝까지 경쟁했던 네안데르탈인이 빙하기의 혹독한 추위 속에 쓸쓸히 사라져갈 때 꿋꿋이 살아남을 수 있도록 추위를 막아주었던 따뜻하고 효율적인 옷

이 있었기 때문이다. 이런 옷을 만들 수 있게 해주었던 귀 달린 바늘에게 두 번째 비결의 영광을 돌려야 할 것이다. 그리고 마지막 세 번째 비결은 그 얄팍한 바늘 몸통에 작은 구멍을 뚫게 해주었던 정교한 석기가 있었기 때문이다. 비록 작은 바늘 구멍에 불과하지만 그 구멍을 뚫는 것은 그리 간단치가 않다. 날카롭게 다듬은 주먹도끼와 정교하게 가공한 창끝찌르개를 아무리 동원하더라도 얇고 가늘게 다듬은 길쭉한 뼈바늘에 작은 구멍을 뚫는 것은 불가능하다. 바늘구멍을 뚫기 위해서는 오늘날 나노가공기술에 비견되는 혁신적인 석기제작기술이 있어야만 정교하고도 효율적인 구멍을 뚫을 수 있었다. 혁신기술의 결정판은 '뚜르개'라고 불리는 석기인데 마치 드릴과 같은 역할을 하는 석기다. 결국 작은 구멍을 뚫을 수 있는 정교한 석기를 만들 수 있게 된 사람들만이 바늘구멍을 뚫을 수 있었다. 세밀한 도구를 만들 수 있는 아주 정교한 석기를 만들어 내는 인간의 시대가 온 것이다.

삼겹살은 내가 최고야

고깃집에서 삼겹살을 먹으면서 잘 관찰해 보면 아주 흥미로운 광경을 발견하게 된다. 서로 삼겹살을 굽겠다고 집게며 가위를 빼앗는 장면이다. 가만히 앉아서 잘 구워진 고기를 넙죽넙죽 집어먹기만 하면 편할 텐데 굳이 서로 굽겠다고 나서는 이유가 선사시대 사냥꾼의 본능이 남아 있기 때문이라는 해석이 있다. 자기가 자르고 뒤집어가며 구운, 노릇노릇 잘 구워진 삼겹살을 맛나게 나눠먹는 사람들을 바라보면서 그 옛날 사냥감을 둘러메고 보무도 당당하게 집으로 돌아오던 그때 그 사냥꾼의 뿌듯한 심정을 느끼게 된다는 설명이다. 그때의 당당한 성취감을 느껴보려고 서로 삼겹살을 뒤집겠다고 집게를 차지하려고 싸운다고 생각하니 재밌기도 하고 나름 일리도 있어 보인다.

사냥의 시작은 석기를 만들 수 있게 된 구석기시대부터다. 석기를 만들 수 있었기 때문에 사냥을 할 수 있었다. 육식과 석기는 불가분의 조합으로 사냥은 인류의 진화와 생존에 매우 커다란 영향을 미치게 되었다. 사냥으로 획득한 동물성 단백질의 섭취는 단순히 인류를 기아에서 해방시킨 것이 아니라 영양 상태를 획기적으로 개선하여 신체가 튼튼해졌고 두뇌가 커지는 데도 기여하였다. 그리고 석기는 그 제작과정에서 뇌를 자극하게 되고 석기제작기술의 숙련과정에서 뇌의 발달을 촉진시키게 되었다. 석기를 만들지 못했다면 사냥꾼 인간이 되지는 못했을 것이다. 하지만 석기만으로는 사냥을 할 수 없다. 실제 사냥을 하기 위해서는 오히려 도구보다도 사냥감에 대한 정확한 정보와 어떻게 잡을 것인가에 대한 치밀한 전략 그리고 역할분담을 위한 사회적인 조직력이 필요하다. 이런 관점에서 볼 때 인간이 진정한 사냥꾼으로 불릴 수 있게 된 때는 후기구석기시대부터라고 할 수 있다.

후기구석기시대에 접어들면서 이전보다 더 발달되고 다양해진 도구는 사냥하려는 짐승에 따라 각각의 목적에 맞게 적극적이고 효율적으로 이용되었다. 사람보다 빠르고 청각, 후각이 발달한 짐승을 잡기 위해서는 사냥감에 대한 정확한 정보파악도 중요했다. 이 시기의 사냥활동은 주변 지형지물에 대한 파악과 더불어 짐승의 출산과 양육, 이동시기와 이동경로 등에 대한 종합적인 정보파악이 효과적으로 이루어졌다. 또한 후기구석기시대에 접어 들어서는 석기뿐만 아니라 뼈, 뿔, 상아, 나무 등을 이용한 창, 화살 등 다양한 사냥도구들이 제작되고 사용되었다. 사냥도구가 다양화되었음을 의미하는데 사냥활동이 체계화되고 전문화되었음을 알 수 있다. 비로소 사냥꾼 인간이 등장하였던 것이다. 당시의 사냥은 지역에 따라 순록, 말 등을 집중적으로 잡았으며 산간지역에서는 염소를 집중적으로 포획했다.

후기구석기시대 석기제작기술의 발전으로 사냥이 전문화되었다. 호모 사피엔스의 등장과 함께 나타난 석인제작기술은 창촉을 비롯해 다양한 도구의 재료가 되는 석인을 정형화된 형태로 대량 생산할 수 있게 하였다. 석인은 손가락같이 길고 얄팍한 석기를 말하는데 도구를 만들기 위한 일종의 중간재라고 이해하면 된다. 석인을 순우리말로 돌날이라고도 부르는데 돌날의 한쪽 끝을 뾰족하게 다듬으면 창끝찌르개나 화살촉이 되고 한쪽부분을 가공하여 자루에 끼울 수 있는 부분 즉 슴베를 만들면 슴베찌르개가 된다. 짧은 자루에 끼워진 슴베찌르개는 칼이 되고 긴 자루를 만난 슴베찌르개는 창이 된다. 이 슴베찌르개는 후기구석기시대를 대표하는 사냥도구다.

2만 년을 전후한 시기에는 석인제작기술에서 한 단계 더 발전한 세석인이 등장한다. 돌날의 크기가 점점 작아지는 것이다. 작은 돌날을 의미하는 세석인의 제작기술은 일정한 크기에 작고 얇으면서 날카로운 칼날을 대량으로 만들어 낼 수 있는 매우 효율적인 기술이다. 이렇게 만든 세석인은 나무나 뼈를 가공하여 옆면에 홈을 낸 후 끼워서 사용하는 결합식 도구로 활용되었다. 똑바로 된 나무에 세석인을 쭉 끼우면 칼이 되고 구부러진 나뭇가지에 세석인을 장착하면 낫과 같은 기능을 하게 된다. 이전 단계의 슴베찌르개의 경우 단단한 물체에 부딪혀 깨지면 창촉을 다시 만들어 끼워야 하지만, 결합식도구는 몸체가 부서지기 전까지 세석인만 갈아 끼워서 계속 사용할 수 있는 장점이 있다. 오늘날의 커터칼날과도 비교되는 세석인은 도구의 효율성과 편의성을 동시에 충족시키는 뛰어난 석기였다. 사냥꾼 인간의 사냥도구가 점점 효율적이고 휴대하기 간편해지는 데는 세석인을 만들 수 있는 기술이 큰 역할을 하였다. 세석인을 잘 만들기 위해서는 원재료를 움직이게 않게 꽉 고정하는 고정구가 필수적인데 도구를 만들기 위한 도구의 제작이 본격화되는 것도 사냥꾼 인간의 등장과 무관하지 않다.

석기제작기술의 진화와 함께 등장한 창던지개는 후기구석기인의 사냥기술을 획기적으로 변화시킨 도구였다. 창던지개는 팔의 길이를 연장시켜 원심력을 배가하는 도구로 창을 더 강력하게 더 멀리 날릴 수 있게 만들었다. 북극의 이누이트족, 호주 에보리진, 파푸아뉴기니 등에서 현재까지도 사냥도구로 사용될 만큼 편리하면서도 강력한 위력을 지녔다. 구석기인들은 창던지개 끝부분에 사슴, 매머드 등의 동물을 조각하기도 하였다. 멋진 장식이 된 사냥총의 기원이라고 할 수 있을 것이다.

한편 1만 5천 년 전 이후로 빙하기가 끝나면서 날씨는 따뜻해지고 기온이 올라가면서 해수면이 상승하고 스텝과 침엽수림이 빽빽한 활엽수림으로 바뀌었다. 매머드, 털코뿔소와 같은 대형 초식동물들이 점차 사라져갔다. 크고 느린 동물은 작고 날렵한 동물로 대체되었다. 이런 환경변화에 발 빠르게 적응한 인간은 원거리 사냥에 유리한 활을 발명했다. 작고 빠른 동물들에 화살을 쏘면서 업그레이드된 사냥꾼 인간의 등장에는 속수무책으로 당할 수밖에 없었다.

후기구석기인들이 능숙한 사냥꾼이었다는 증거는 그들이 남겨놓은 예술품 특히 동굴벽화에 고스란히 남아 있다. 후기구석기인들이 동굴 깊숙한 곳에 남겨놓은 동굴벽화는 당시 사람들의 의식세계를 담고 있다. 현재까지 약 250개의 동굴에서 후기구석기시대 예술활동의 흔적이 발견되었는데, 이러한 동굴벽화에 그려진 것들 중에 가장 많은 것이 동물그림이다. 벽화에 남겨진 동물들 가운데는 사냥활동과 직접적으로 연관된 동물그림들도 많다. 창이나 찌르개와 같은 무기에 정통으로 맞은 짐승들의 모습이 실감나게 그려져 있다. 창에 맞아 상처를 입거나 부상을 당해 고통스러워하는 모습, 입과 코에서 피를 흘리며 괴로워하는 동물들의 생생한 그림들은 당시 사람들의 사냥활동을 이해할 수 있는 좋은 증거들이다. 동굴벽화는 자신들의 사냥기술을 뽐내기 위한 표현이며 '이 동물을 잡으려면 여기를 찔러라.'하는 식의 사냥기술의 교재 같은 역할로도 볼 수 있다. 창이나 화살에 맞은 동물들은 사슴, 들소, 말, 산양, 털코뿔소와 같은 초식동물들뿐만 아니라 표범이나 곰도 등장하고 있는 것으로 보아 후기구석기시대의 사냥꾼들의 창이나 화살을 피할 동물은 없었던 것을 알 수 있다. 창을 맞아 부상당한 동물 그림을 보면서 사냥을 떠나기 전 사냥꾼 인간의 비장한 각오를 떠올려 볼 수 있다. 그런데 한 가지 재밌는 것은 실제 유적에서 발굴된 동물 뼈는 동굴벽화에 그려진 동물그림과는 다소 차이를 보인다는 점이다. 순록, 말, 사슴, 노루, 멧돼지, 토끼처럼 비교적 작고 온순한 동물 뼈들이 주로 출토되며 대부분은 순록이 차지한다. 동굴벽화에는 커다랗고 힘센 들소나 사자, 코뿔소, 매머드, 곰같이 잡기 힘들고 쉽게 접근하기 어려운 대형 초식동물이나 맹수를 더 많이 표현하였다. 커다란 동물을 잡고 싶은 선사인들의 강한 욕망도 느껴지고 때때로 목숨을 노리는 사나운 맹수로부터 안전을 기원하는 간절한 소망도 읽을 수 있다. 능숙한 사냥꾼 구석기 사람들에게도 사냥은 쉽지 않았고 심지어는 생명의 위협을 느낄 수 있는 위험한 일이었다는 것을 그들이 남겨놓은 동굴벽화를 통해 짐작해 볼 수 있다.

동굴벽화에는 창으로 찔러서 사냥하는 그림 외에도 텍티폼Tectiforme(지붕모양 함정)이라는 함정사냥에 대한 그림도 그려져 있다. 프랑스 퐁드곰 동굴에 남겨진 그림 중에는 매머드가 집 같은 모양의 구조물에 빠져 있는 그림이 있다. 이 그림에서 지붕처럼 보이는 윗부분은 매머드 무게에 의해 부서진 형상을 잘 보여주고 있어서 이 집처럼 생긴 구조물이 매머드를 잡기 위한 함정이었다는 것을 알 수 있다. 우지끈 갑자기 땅이 꺼지면서 함정으로 빠지는 매머드가 눈을 질끈 감고 체념

하는 모습이 그려진 퐁드곰 동굴의 벽화에서 날카로운 석창으로 무장하고 매머드가 이동하는 길목에 함정까지 파놓고 기다리는 사냥꾼 인간의 집요함을 잘 읽을 수 있다.

돌과 나무의 시대

사람을 동물과 구분 짓는 가장 큰 특징은 무엇일까? 체질적으로는 사람만이 두 발로 걷는다는 것이고, 문화적으로는 사람만이 도구를 사용한다는 것이라고 할 수 있다. 사람은 두 발로 걸으면서 도구를 사용하는 동물이다. 도구를 만드는 능력을 갖추게 되면서부터 비로소 우리는 사람이 될 수 있었다. 우리가 언제부터 도구를 사용하였는지는 명확하지 않다. 하지만 그 시작은 적어도 수백만 년 전으로 거슬러 올라간다. 두 발로 걷기 시작한 오스트랄로피테쿠스 때부터는 투박한 석기를 사용하였던 것으로 짐작되며 호모 하빌리스 단계에서부터는 확실하게 의도적인 타격을 가해 돌을 깨서 만든 도구 즉 석기를 사용하였다. 이때부터가 구석기시대의 시작이다.

구석기시대의 주인공은 단연 석기, 즉 돌이다. 이 시대의 유물로 남겨진 것들이 대부분 돌로 만든 도구이기 때문이다. 하지만 처음 석기를 사용하던 시기 혹은 그 이전부터 나무가 도구로 사용되었을 개연성은 충분하다. 영장류의 행동 양식에 대한 여러 연구에서 침팬지가 나뭇가지를 능숙하게 도구로 활용하는 장면에 대한 목격담이 숱하게 등장하는 것으로 보아 초기 인류도 나뭇가지를 휘두르거나 던지는 용도의 도구로 사용하였으리란 것을 쉽게 짐작할 수 있다.

그러나 나무를 본격적으로 도구로 사용한 시점을 고고학으로 밝혀내기는 여러 가지 한계가 있다. 무엇보다 유기물질인 나무가 오랜 기간 원형대로 보존되기는 매우 어렵기 때문이다. 특히 수십, 수백만 년 전을 다루는 구석기시대의 고고학 유적에서 나무는 대부분 썩어 없어지고 돌로 만든 도구들만 주로 남아 있게 되기 때문에 구석기시대의 나무 도구에 대한 정보는 매우 제한적이다. 하지만 몇몇 특수한 환경에서 보존된 유적들에서는 구석기시대의 나무 도구가 간혹 출토되기도 한다.

독일의 쇠닝겐 유적에서는 약 40만 년 전의 나무창들이 여러 점 발굴되어 초기 인류의 나무 도구 사용에 대한 정보를 전해주고 있다. 쇠닝겐 유적은 노천광산지대에서 발견된 유적으로 나무가 썩지 않고 보존되기 좋은 습지 환경이었다. 이곳에서 여러 점의 나무창이 발견되었다. 그냥 길쭉하게 창처럼 생긴 모양의 나뭇가지라서 나무창이라고 한 게 아니다. 이 나무창들은 끝부분을 매우 날카롭게 다듬었고 무게중심이 오늘날의 투창과 같이 앞부분에 적절하게 배치되어 있어 매우 효율적으로 멀리 던질 수 있었다는 것이 실험고고학적 연구를 통해 밝혀졌다. 이 창들은 충분히 동물을 사냥할 수 있었던 아주 효율적인 나무창이었다.

쇠닝겐 유적에 세워진 팔레온 박물관에서 눈으로 직접 확인해 본 나무창들은 끝부분이 정말 예리하게 다듬어져 있었는데 나무 속심의 약한 부분을 피해서 단단한 부분쪽으로 정교하게 가공되어 있었다. 이 나무창들이 발견된 유적지에서 사냥당한 말뼈들이 대량으로 발굴된 것이 당연해 보였다. 말처럼 빨리 달리는 짐승들도 사냥할 수 있게 해주었던 쇠닝겐의 치명적인 나무창들은 매우 중요한 사냥 도구였음이 분명해 보였다.

한편 2015년 스페인 북부 아발란차 유적에서 발견된 나무로 만든 유물도 최근의 연구 결과 약 9만 년 전에 만들어진 것으로 밝혀져 인류 초기의 나무 사용에 대한 중요한 사례로 손꼽힌다. 이 유물의 제작 연대로 추정되는 약 9만 년 전은 지금은 사라진 호모 네안데르탈렌시스 즉 네안데르탈인이 번성하던 시기에 해당되는 때라 이 목제유물을 만들고 사용한 고인류는 네안데르탈인이 아닐까 추정하고 있다.

아발란차 유적에서 나무로 만든 유물이 발견될 수 있었던 이유 역시 쇠닝겐의 나무창과 비슷하다. 유기물을 많이 포함한 모래와 점토층이 빠르게 쌓이면서 형성된 퇴적층이 목재유물이 잘 보존될 수 있는 환경을 만들었기 때문이다. 아발란차 유적에서 발견된 나무도구를 마이크로-CT 촬영으로 정밀하게 분석한 결과 나뭇가지를 세로로 갈라서 끝 부분을 석기로 잘 다듬은 후 단단하게 가공하기 위해 불에 구워 처리한 것으로 밝혀졌다. 나무도구를 어떤 용도로 사용했는지는 도구를 사용할 때 남은 사용흔을 분석해서 알 수 있었다. 쇠닝겐의 나무창처럼 사냥감을 찌르기 위한 용도로 사용되었던 것이 아니라 먹을거리를 찾기 위해 혹은 석기를 만들 수 있는 좋은 돌을 파내기 위해서 땅을 뒤적이거나 구멍을 파기 위해 사용되었다는 것도 알아낼 수 있었다. 그 모양은 비록 막대기처럼 생겼지만 마치 오늘날의 삽과 비슷한 용도로 사용됐다는 사실이 밝혀진 것이다. 영어로 'digging stick(땅파는 막대기)'으로 불리는 이 도구를 통해 구석기시대에 다양한 용도로 사용되었을 나무도구의 실체를 조금이나마 더 알 수 있게 되었다.

석기를 만드는 기술이 점점 발전하면서 이 나무창이나 나무삽의 끝부분을 돌로 만든 창촉이나 석제품들이 대신하게 되었고 나무 도구의 성능과 위력은 더욱 배가되었다. 드디어 돌로 만든 도구가 나무로 만든 자루를 만나게 된 것이다. 자루를 만난 석기로 사람들은 통나무도 베고, 배도 만들고, 집도 짓게 되었다. 이렇듯 인류 진화의 초기 단계에서부터 중요한 도구로 사용된 나무들이 본격적으로 그 위력을 발휘하기 시작한 것은 인류가 나무 자루를 발명하기 시작하면서부터이다. 나무로 만든 자루는 돌로 만든 도구와 결합하여 도구를 더 유용하고 효과적으로 사용할 수 있게 해주었다. 도구의 성능도 월

등하게 높일 수 있었다. 나무 자루는 인류가 최초로 서로 다른 두 가지의 재료를 결합하여 효율성과 활용도를 높인 새로운 형태의 도구를 창조해 내었다는 점에서도 매우 중요하다.

석기를 만들면서 새로운 기술 시대로 접어든 인류가 석기에 나무 자루를 달면서 한 단계 다른 차원의 기술혁신의 길로 들어설 수 있게 되었다는 점에서 나무 자루는 인류 진화의 새로운 이정표라고 할 수 있다. 왜냐하면 서로 다른 재료를 융합하고 원재료가 갖고 있던 한계를 극복하고 성능을 개선하여 완전히 새로운 것을 만들어내는 인류의 창조적인 지적 능력이 본격적으로 발휘된 첫 번째 작품이 바로 나무 자루이기 때문이다. 돌로 만든 석기가 나무 자루를 만나 새로운 도구가 되었다는 관점에서 볼 때 석기시대의 주연배우가 돌이라면 나무는 명품조연이라고도 할 수 있다. 그래서 선사시대는 돌과 나무의 시대인 것이다. 금속으로 결합되는 재료만 돌에서 나무로 바뀌었을 뿐 나무 자루는 도구 사용의 편리성과 효율성을 높여주는 필수적인 역할과 기능을 지금도 여전히 수행하고 있다.

도구에 나무 자루를 부착하는 작업에는 매우 복합적인 기술이 필요하다. 부착되는 도구에 맞는 나무를 잘 골라야 함은 물론이고 도구의 용도에 따라 결합각도, 자루의 모양 등이 정교하게 계산되어야 하기 때문이다. 그뿐만 아니라 접착제, 가죽끈 등 보조재료도 적절하게 사용하여야만 의도하는 대로 석기와 잘 결합되는 효율적인 나무 자루를 만들 수 있다. 석기와 나무 자루를 결합하는 기술의 등장은 인류가 여러 가지 이질적인 재료들을 서로 결합하여 새로운 도구를 만들어내는 한 차원 높은 창조적인 능력까지 갖추게 되었음을 의미한다.

독일의 실험고고학자 불프 하인과 우리나라의 독특한 석기로 평가받는 유구석부를 복원 제작하여 통나무 벌목 실험을 한 적이 있다. 유구석부는 자루를 묶어서 사용할 수 있도록 홈이 파인 돌도끼를 말하는데 오목자귀 혹은 홈자귀라고도 한다. 주로 청동기시대 유적에서 출토된다. 이 유구석부를 재현해서 새로 만들어 프랑크푸르트 인근의 참나무숲에서 약 20여 명의 실험고고학 동호인들과 함께 지름 40cm 정도의 참나무를 벌목하는 실험이었는데 약 1시간 40여 분에 걸쳐 15,000번의 타격을 가해 참나무를 벌목하는데 성공했다. 돌로 만든 유구석부날은 전혀 손상되지 않았고 돌도끼본체와 자루의 결합 각도에서 오는 미세한 벌어짐으로 인해 도끼자루에 금이 갔을 뿐이었다. 돌은 나무보다 단단하기 때문에 정확한 각도로 내려치기만 하면 조금씩 무디어질 뿐 도끼날이 파손되지는 않는다. 돌이 나무보다 단단하다는 당연한 사실을 실제 돌도끼 복원제작실험을 통해 눈으로 확인한 실험이었다.

고고학자들은 도구를 만드는 재료에 따라 인류의 역사를 구석기, 신석기, 청동기, 철기시대 등으로 구분한다. 현대는 플라스틱 시대라고 하는 사람들도 있다. 나무는 인류가 처음으로 사용한 도구의 원재료였을 가능성이 크다. 나무도구는 지금까지도 계속 사용되고 있고 앞으로도 계속 사용될 유일하고도 대체 불가능한 소재가 바로 나무다. 인류 역사에서 나무 없이 살았던 시대는 없었다. 앞으로도 나무 없이는 살 수 없을 것이기 때문에 어찌 보면 인류의 역사는 나무의 시대라고도 할 수 있을 것이다.

무기여 잘 있거라

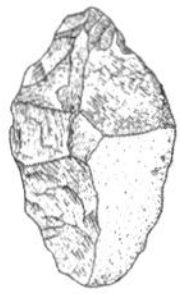

거장 조시 스티븐스 감독의 〈셰인〉은 서부영화사의 한 페이지를 장식하는 명작이다. 주제가 〈The Call of Faraway Hills(먼 산이 부르는 소리)〉가 깔리면서 꼬마 조이가 "셰인~ 컴백~"을 외치는 마지막 장면은 많은 이의 심금을 울린 불후의 명장면이다. 영화에서 필자가 특히 인상적으로 기억하는 대목은 꼬마 조이가 셰인을 졸라 총 쏘는 법을 가르쳐 달라는 장면이다. 아이에게 총 쏘는 법을 가르쳐 주는 것을 불안하게 지켜보는 엄마 마리안에게 셰인은 이렇게 덤덤히 말한다.

"총도 도구예요. 도끼나 삽처럼."

약 160만 년 전의 구석기인이 만든 주먹도끼는 도구였다. 짐승의 뼈를 부수고 가죽을 찢어 고기를 먹게 해 준 주먹도끼는 생존을 위한 도구였지만 동시에 언제든지 상대방을 제압할 수 있는 무기였다. 이렇듯 식량을 획득하기 위해 사용되던 사냥도구들은 점차 인간끼리의 전쟁에 쓰이는 무기가 되어갔다. 도구의 발달사는 곧 무기의 발달사라고 해도 과언이 아니다. 상대방을 제압하는 무기는, 자신은 최대한 안전하면서 상대방에게는 치명상을 입히는 방향으로 발달해 나갔다. 유효사거리를 늘리는 게 중요한 과제였다. 주먹도끼의 유효사거리는 50cm 내외이다. 물론 급하면 던졌겠지만, 주먹도끼는 손에 쥐고서 목표물을 직접 타격하는 데 보다 효율적이었다.

인류가 최초로 선택한 던지는 무기는 돌멩이였을 것이다. 달려드는 포식자들을 향해 주변의 돌을 집어 들어 마구 던지는 돌팔매질은 가장 원초적이면서도 효율적인 무기였다. 필자가 근무하는 전곡선사박물관에서 진행되는 수많은 선사시대 체험프로그램 중 가장 격렬한 반응을 경험한 프로그램도 돌팔매질이었다. 물가에 서면 돌멩이를 집어 들어 물수제비를 뜨는 행위 역시 초기 인류의 생존 본능과도 가까웠던 돌팔매질의 유전자가 남아 있기 때문이 아닐까 싶다. 오늘날 가장 인기 있는 스포츠인 야구, 배구, 농구 같은 스포츠들이 하나같이 멀리 정확히 공을 던지는 스포츠라는 점도 인류의 던지기 본능을 잘 보여주고 있다. 축구나 골프도 같은 이유로 사랑받고 있는 스포츠라고 할 수 있을 것이다.

최근 영국 리즈 베켓 대학 연구진은 남아프리카의 허스 동굴에서 발견한 227개의 둥근 돌이 인간의 던지기 능력이 초기인류의 생존에 중요한 기여를 한 인류의 주특기였음을 보여주는 증거라는 연구결과를 발표하여 흥미롭다. 약 180만 년 전의 것으로 추정되는 이 돌들을 투사체 시뮬레이션으로 분석한 결과 약 80%가 넘는 돌들이 25m 내의 거리에서 중간 크기의 동물들에게 충분한 피해를 줄 수 있어 던지기에 알맞은 돌이라는 것이다. 고인류들이 유사시에 던지는 무기로 사용하기 위해 동굴 안에 손에 착 잡혀 던지기 좋은 둥근 돌들을 모아 두었다는 해석이 가능한 연구결과다.

인간의 가장 우수한 능력 중 하나인 던지기 능력과 결합된 돌팔매질은 인류가 사냥꾼으로 성장하는 데 중요한 역할을 하였다. 던지기 능력은 사냥꾼인류를 가능하게 하였던 밑거름이었던 셈이다. 던지기의 가장 큰 이점은 상대에게 가까이 다가가지 않고도 안전한 거리를 유지한 채 공격할 수 있다는 것이다. 그래서 인류의 사냥무기는 던지는 무기를 점점 더 효율적으로 개량하는 방향으로 발달해 왔다.

약 40만 년 전 호모 하이델베르겐시스는 창 만드는 기술을 발전시켰다. 독일 쇠닝겐에서 발견된 나무창들은 길고 가느다란 가문비나무나 소나무를 골라 껍질을 벗기고 끝부분을 뾰족하게 다듬어서 만들었다. 목재의 약한 부분인 속심부분을 피해 목질부를 깎아내고 돌려가며 문지르면서 정교하게 다듬은 이 창들은 끝부분을 단단하게 하기 위해 불로 일종의 열처리를 한 것으로 보인다. 호수침전물이 퇴적된 층의 수많은 말뼈 사이에서 발견된 이 나무창들은 무게 중심이 창의 3분의 1지점에 있어 올림픽에 사용하는 투창과 버금갈 정도로 던지기에 매우 적합한 것으로 판명되었다. 유효사거리가 10~20m 정도인 이 나무창을 던져서 말을 사냥하였으니 근접 무기였던 주먹도끼와 비교해 볼 때 매우 놀라운 사냥도구이자 무기였다.

약 2만 년 전 후기구석기시대에는 아틀아틀AtlAtl이라는 창던지개가 등장하였다. 팔길이를 늘려주는 지렛대와 같은 역할을 하는 창던지개는 장착된 창에 더 많은 에너지를 전달하여 더 빠른 속도로 더 멀리 창을 날려준다. 아틀아틀에 장착한 가늘고 긴 창은 시속 150km에 가까운 놀라운 속도로 수십 미터를 빠르고 정확하게 날아가 목표물을 명중시켰다. 날쌔고 빠르고 사나운 짐승들을 보다 손쉽게 사냥하면서도 사냥꾼은 더욱더 안전하게 되었다. 아틀아틀에서 창을 장착시키는 고정구를 사슴이나 매머드 혹은 새 모양으로 깎아서 멋지게 장식하기도 하였는데 후기구석기시대의 호모 사피엔스들에게 자신이 쓰는 무기를 아름답게 꾸미려는 미의식이 확실하게 자리잡고 있었음을 보여준다.

뒤이어 후기구석기시대의 마지막 단계에서 마침내 활이 등장하였다. 활은 나무를 휘어서 활시위를 얹고 화살촉이 장착된 화살을 메겨 휘어진 나무의 탄력을 이용해 멀리 빠르고 정확하게 화살을 날리는 사냥무기다. 활은 멀리 떨어진 사냥감을 안전하게 사냥할 수 있게 해주었을 뿐만 아니라 정밀한 목표설정이 가능해 토끼처럼 작은 사냥감도 수월하게 사냥할 수 있게 해주었다. 활과 화살로 무장한 후기구석기 사람들은 이제 넘볼 수 없는 두려운 사냥꾼의 지위를 확실하게 차지할 수 있었다. 화약과 총이 발명되기 전까지 활은 아주 오랫동안 가장 유용한 사냥과 전쟁의 도구였으며 대표적인 원거리 무기였다. 수백 미터를 날아가 강력한 타격을 하는 쇠뇌와 같은 고대의 첨단 무기들도 그 기본적인 구조는 구석기시대의 활과 다를 바 없었다. 하지만 활도 화약과 총이 등장하면서부터 그 위력을 잃게 된다.

12세기 중국에서 화약이 발명되면서 전쟁무기는 비약적으로 발달하게 된다. 화약을 사용한 최초의 전쟁무기는 대포였다. 대포의 위력을 실감한 사람들은 무거운 대포를 개량해 사람이 들고 다닐 수 있는 무기를 만들기 시작하는데 우리가 아는 총과 같은 종류의 무기들이 이때부터 만들어지게 된다.

총은 점점 더 성능이 개량되어 사거리가 점점 길어졌다. 사거리가 길어지면 길어질수록 총을 쏘는 사람은 안전해진다. 우리 군의 주력 소총인 K2의 유효사거리는 600m에 이른다. 맘만 먹으면 누가 쐈는지도 모르게 상대방을 제압할 수 있다는 뜻이다. 인간의 전쟁이 대규모화되면서 수십 킬로미터를 날아가는 대포가 등장하고 다시 수백킬로미터를 날아가는 미사일까지 자신은 안전하고 상대방에게는 치명타를 높이는 방향으로 살상 무기들의 유효사거리는 계속해서 길어지고 정확도는 높아졌다. 핵탄두를 탑재한 ICBM은 이제 10,000km 이상을 날아가 상대방을 궤멸시킬 수 있다. 하지만 유효사거리가 너무 커진 핵무기 때문에 자신은 안전하면서도 상대편에게만 타격을 줄 수 있을 것을 기대할 수는 없게 되었다. 대륙을 넘어 날아간 핵무기가 서로를 영원한 파멸의 길로 몰아넣을 수 있기 때문이다.

이제 총은 셰인이 말했던 도구가 아니다. 무기일 뿐이다. 상대방을 해치는 무기는 언제든지 자신을 해칠 수 있다. 방송을 뜻하는 영어단어는 broadcasting이다. cast는 던진다는 뜻도 가지고 있다. 매사냥에서 매를 풀어놓는 것도 cast고 낚시에서 미끼를 던지는 것도 cast다. 아주 넓게 넓게 그리고 멀리 멀리 소식을 던지는 것 그게 바로 방송이다. 이런 의미에서 현대 사회의 가장 강력한 무기는 방송이라고도 할 수 있을 것이다. 그래서 가짜뉴스가 판을 치는 매스미디어 환경이 상대방을 해치는 최고로 강력한 무기가 될 수 있음도 경계해야 하는 것이다.

평화로운 지구에서 공존의 시대를 살아가길 바란다면 이제는 서로를 위협하는 무기를 버릴 때가 왔다. 전쟁의 비참함을 담담히 풀어낸 헤밍웨이의 소설 《무기여 잘 있거라》의 주인공들처럼 불행한 결말을 맞이하지 말고 '무기야 잘 있어.'하고 즐겁게 작별인사를 할 수 있는 슬기로운 주인공들이 되기를 진심으로 바란다.

모닥불 피워놓고

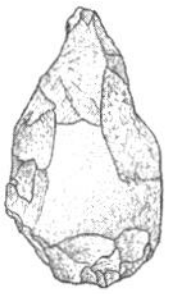

우리나라는 캠핑 공화국이라고 해도 과언이 아닐 정도로 곳곳에 캠핑장이 있다. 주말이면 가족끼리 친구끼리 가까운 캠핑장을 찾아 도시생활의 각박함을 잠시 잊고자 탈출시도를 하곤 한다. 나무 한 그루 제대로 없고 운동장 같은 모래 바닥에 옆 텐트에서 라면 끓이는 소리까지 들릴 정도로 다닥다닥 붙어있는 텐트 사이에서의 하룻밤은 불편할 법도 하건만 그래도 꾸꾸이 캠핑장을 찾는 사람들이 많은 것을 보면 캠핑에 사람을 끄는 묘한 매력이 있는 것은 틀림없어 보인다. 필자가 근무하는 전곡선사박물관 바로 앞에는 우리나라 3대 오토캠핑장으로 꼽히는 한탄강 오토캠핑장이 있어 주말에는 가끔 수백동의 텐트 사이를 산책삼아 걷곤 한다. 어스름 해가 질 때면 모든 텐트가 일제히 장작더미에 불을 붙이고 뭔가를 굽기 시작하여 자욱한 연기로 일대 장관을 연출한다. 물론 삼겹살이 주종을 이루지만 캠핑요리라는 대세에 힘입어 소세지며 새우며 각종 구울 거리들을 신나게 굽기 시작하는 것이다. 이쯤 되면 회색빛 도시를 벗어나 대자연 속에서 힐링의 시간을 갖기 위한 캠핑이라기보다는 맘껏 연기를 피우고 삼겹살을 편하게 구워 먹으려고 떠나는 게 캠핑이라고 해야 하는 게 아닐까 하는 생각이 들 때도 있다. 그런데 사실 모닥불 주위에 오붓하게 둘러앉아 노릇노릇 잘 구워진 삼겹살에 소주 한잔 맛나게 걸치는 즐거움이 빠지면 굳이 텐트며 웬만한 부엌살림을 짊어지고 불편한 캠핑을 떠날 필요는 없을지도 모르겠다. 그래서 주말 저녁의 한탄강이 자욱한 모닥불 연기와 매혹적인 삼겹살 굽는 냄새 그리고 즐거운 웃음과 미소로 가득차게 되는 것이리라. 그리고 이 모든 행복은 아주 오래전 다른 동물들은 두려워서 피하던 불에 가까이 다가섰던 용감한 우리의 조상들 덕분이다.

불을 마음먹은 대로 자유롭게 다룰 수 있게 된 것은 우리 선조들이 성취한 가장 획기적이고 성공적인 혁신 중의 하나로 꼽을 수 있다. 오늘날 불이 없는 삶이란 상상할 수 없다. 소화시키기 힘든 음식물이나 독성이 있는 식재료도 불에 구워 익히면서 먹을 수 있게 되었다. 먹을 수 있는 음식의 종류가 크게 확대되었다. 더구나 불에 구운 음식은 맛까지 좋았다. 삶의 질이 높아지고 생존에 더욱 유리한 환경을 불이 가져다주었다.

우리 조상이 정확하게 언제부터 불을 마음대로 다루게 되었는지를 확실히 밝히기는 어렵다. 인류 조상이 불을 처음으로 접하게 된 것은 수백만 년 전 막 두 발로 걷기 시작하던 때부터일 것이다. 번갯불이나 자연건조에 의한 산불이 고인류들의 주변에서 발생했을 것이기 때문이다. 이때의 불은 고인류들에게 삶의 질을 높여주는 유용한 존재였기보다는 두려운 공포의 대상이었을 것이다. 어떻게 그리고 언제 두려움과 공포의 존재인 불을 극복하는 과정이 시작되었을까? 인류 진화의 퍼즐을 맞추기 위한 또 하나의 숙제이다.

인류의 요람이라고 하는 아프리카 동부 케냐의 투르카나 호수와 남아프리카 공화국의 세계문화유산인 스와트크란스 동굴유적에서 발굴된 인류 화석들은 이미 100만 년 훨씬 이전의 초기 인류부터 불을 사용하였음을 시사한다. 이곳을 발굴한 연구자들은 고인류들이 포식동물의 위협으로부터 방어하기 위해 불을 피운 게 아닐까 생각하고 있다. 케냐의 쿠비포라에서도 160만 년 전에 이미 불이 사용되었다는 증거가 발견되었다고 한다. 그러나 100만 년 이전의 불의 사용과 관련된 고고학 자료들은 줄곧 많은 논란의 대상이 되었고 아직도 많은 학자들은 그 당시의 인류가 불을 본격적으로 사용하지는 않았다고 본다. 즉 이때까지는 불을 생활의 편의를 위한 도구처럼 자유자재로 다루었다고는 생각하지 않는 것이다.

인류가 과연 언제부터 불을 사용했는지에 대한 연구 즉 불의 기원은 아직까지 논란의 대상이지만 지금까지 발견된 가장 오래된 불 사용 흔적 중의 하나는 이스라엘 북부 훌라 계곡 게셰르 베노트 야코브 유적에서 발견된 70~80만 년 전의 모닥불 자리이다. 형태가 잘 갖춰진 화덕은 아니지만 이 주변에서 많은 나뭇조각들이 발견되어서 불을 피우기 위한 땔감으로 사용된 것으로 보고 있다. 모닥불을 피운 화덕 주변에서 주먹도끼나 찍개 같은 석기도 만들고 견과류나 물고기를 불에 구워 먹었을 것으로 보이는 정황 증거들도 확인되었다고 한다. 일상생활의 모든 활동들이 불이 활활 피어오르고 있는 모닥불 가까이에서 이루어졌음을 보여주고 있다. 프랑스의 테라 아마타와 중국의 저우커우뎬 유적 등에서도 화덕으로 추정되는 흔적과 불에 탄 동물 뼛조각이 발견되었다. 이 불사용 흔적들은 대개 30만~40만 년 전의 것으로 연대가 측정된다. 지금까지 밝혀진 불 사용과 관련된 고고학적 증거들로 추정해 볼 때 불을 자유롭게 다루고 본격적으로 사용했던 고인류는 호모 에렉투스인 것으로 보인다.

최근 들어서 중국의 학자들은 저우커우뎬의 호모 에렉투스들은 70만 년 전에 이미 불을 사용했다는 연구 성과를 발표하고 있다. 구석기시대는 국경이 없었다. 그래서 현재의 나라나 민족의 개념은 더더욱 의미가 없는데 자국의 구석기유적의 연대를 점점 더 오래된 것으로 발표하는 경향이 짙어지는 것을 보면 자기 나라의 영토 안에 구석기시대 유적이 더구나 아주 오래된 구석기시대의 흔적이 남아 있는 것 자체가 일종의 국격을 높여준다고 생각하는 것이나 다름이 없다고 할 수 있다. 인류의 진화와 구석기시대의 연구가 중요한 이유다.

불의 기원 정확히는 불 사용의 기원과 관련된 새로운 연구결과들은 계속해서 발표되고 있다. 최근에는 남아공과 미국, 캐나다의 과학자들로 구성된 국제적인 연구팀이 칼라하리 사막과 가까운 남아프리카 공화국의 본더벌크 동굴에서 발견된 식물의 재와 불에 탄 동물 뼈 등을 현미경으로 분석하여 이 동굴에서 반복적인 불 사용 흔적이 확인됐다고 발표했다. 동굴의 구조와 퇴적조건들을 검토해 볼 때 이들 불에 탄 물질들은 바람에 실려오거나 물에 운반돼 동굴 안으로 밀려들어와 쌓인 것이 아니라 동굴 안에서 불에 탄 것들로 밝혀져 이곳에서 불이 지속적으로 사용되었다는 것을 보여주는 증거이고, 그 연대가 100만 년 전이라는 것이다. 이 연대가 맞다면 불의 본격적인 사용은 기존에 알려진 연대보다 수십만 년이 올라가게 되는 것이다.

이곳에서 불을 사용한 고인류 역시 호모 에렉투스들로 추정된다. 하지만 이들이 직접 불을 피웠는지는 분명치 않다. 언제부터 불을 직접 피웠는지 즉 불을 만들었는지는 불의 기원과 관련된 또 다른 차원의 연구과제라고 할 수 있다. 조사자들은 본더벌크 동굴의 호모 에렉투스들이 벼락 등 자연발화로 만들어진 불을 조심스럽게 동굴 안으로 옮겨와서 동굴 안쪽 한 곳에서 계속 사용한 것으로 보고 있다. 또한 이 불을 피웠던 흔적 주변에서 발견된 물질들이 700℃ 이상으로 가열되지 않은 것으로 나타나 모닥불의 땔감으로 풀과 관목, 나뭇잎 등을 사용했던 것으로 보인다고 밝혔다. 툭툭 잔가지를 부러뜨려 조심스럽게 하나씩 모닥불 속으로 던지던 100만 년 전 호모 에렉투스들의 모습을 상상해 보시기 바란다.

인류의 조상이 최초로 불을 사용했던 방식은 번개나 건조 등 자연현상으로 일어난 불을 사용하는 방식이었을 가능성이 크다. 세월이 지나 결국은 훨씬 더 복잡한 사고와 기술을 사용해서 불을 직접 만들어서 사용했겠지만 그렇다고 해서 자연발생한 불을 꺼트리지 않고 잘 지키며 사용하는 것도 그리 간단한 일만은 아니다. 캠핑장에서 모닥불을 밤새워 피워놓고 지키다가도 새벽녘에는 어느새 불이 꺼져 있는 경험을 해 보신 분들은 불 지키기가 생각보다는 쉽지 않다는 것을 잘 알 수 있을 것이다. 더군다나 땔감도 넉넉하지 않은 상황에서 적절한 불의 크기를 유지하는 적정량의 땔감을 공급하는 것은 매우 정교한 상황판단 속에서만 가능한 일이다. 인류가 어렵게 얻은 불을 지키고 키워나가는 과정에서 지속적인 두뇌 발달이 이루어졌음을 짐작하기는 어렵지 않다. 어렵게 얻은 불을 지키는 데는 생각했던 것보다 훨씬 높은 지능이 요구된다. 그래서 본더벌크의 연구자들은 "불을 지키는 일은 그저 나뭇가지 몇 개를 던져 넣는 정도로 간단한 일이 아니었다."고 강조했다.

불로 요리를 한 음식들은 소화도 잘 되고 맛도 좋았다. 더구나 모닥불을 피우면 한기도 견딜 수 있었고 한밤중에 접근하는 포식동물의 위협으로도 안전할 수 있었다. 매일 밤 모닥불 주위에 옹기종기 모여앉아 시간을 함께 보내게 된 인류는 서로의 온기와 동료애를 교환하면서 사회적 유대를 점점 더 강화할 수 있게 되었을 것이다. 이렇듯 활활 타오르는 모닥불 주위에 모여 앉아 서로 어울리는 장면은 인류의 진화에서 매우 중대한 전환점이 되었다. 모닥불 앞에서 나누는 끝없는 이야기는 이미 오래전 구석기시대부터 시작되었던 것이다.

구석기통신

가수 이적의 노래, 정확히는 그가 패닉의 멤버로 활동하던 1990년대 중반에 발표한 노래 중에 〈왼손잡이〉라는 노래가 있다. 가사를 모두 기억하지는 못하더라도 이적 특유의 콧소리가 섞인 멋진 음성으로 절규하듯 왼손잡이를 외치던 부분은 기억하는 분들이 많을 것이다. 이 노래는 원래 성소수자를 대변하기 위해 만들었다고 하는데 이제는 왼손잡이들의 서러움(?)을 대변하는 노래가 되었다. 사실 오른손잡이들은 왼손잡이들이 겪는 일상의 괴로움을 전혀 알지 못한다. 여러분이 지금 읽고 있는 이 책도 오른손잡이용이다. 오른손으로 책을 한 장 한 장 넘길 수 있게 제본되어 있다. 왼손잡이들은 글씨 쓸 때도 힘들다. 왼손으로 왼쪽에서 오른쪽으로 글씨를 쓰면 이미 본인이 쓴 부분을 지나가면서 글을 써야 하는데 글씨가 번지거나 잉크가 손에 묻어 제대로 쓰기가 어렵다. 그렇다고 오른쪽에서 왼쪽으로 글씨를 쓸 수도 없는 노릇이다. 오른손잡이에 맞게 왼쪽에서 오른쪽으로 글씨를 써야만 읽을 수 있게 만들어진 규칙이 있기 때문이다. 그리고 우리는 대부분 오른손잡이다. 그래서 세상은 왼손잡이보다는 오른손잡이에 더 맞게 돌아간다. 식당에서 옆자리에 왼손잡이가 앉았을 때나 '왼손잡이들도 있구나.'하는 것을 느끼게 되는 정도다.

왼손잡이들이 진짜 억울한 것은 왼손잡이는 정상이 아니라는 일반적인 인식이다. 왼손은 왼손이고 오른손은 바른손이라고도 부른다. 바른 것은 옳다는 뜻이니 오른손잡이는 바르고 옳은 사람이라는 이미지를 준다. 영어도 예외는 아니어서 "you are right."하면 "네 말 맞아."라는 뜻이니 알게 모르게 오른쪽이 올바른 방향이라는 생각을 갖게 한다. 실제로 올바른 방향이라기보다는 단지 오른손잡이가 다수인 세상에서 일상의 대부분이 오른손잡이에 맞게 만들어진 규칙에 의해 돌아가기 때문에 그렇게 생각하는 것이다.

뷔페식당에서 수프를 퍼먹는 국자가 오른손잡이용밖에 없어 정말 어렵게 수프를 푸던 왼손잡이를 도와준 경험이 있다. 오른손잡이가 전혀 느끼지 못하는 일상의 불편함을 왼손잡이들은 그렇게 묵묵히 감내하면서 살아가고 있다. 그래서 야구에서 왼손잡이 투수가 좀 잘 던진다 싶으면 유난히 왼손 투수임을 강조하고 빌 게이츠니 스티브 잡스니 내로라하는 유명인 중에 왼손잡이가 많다는 것을 상기시킨다. 다빈치 같은 뛰어난 예술가 중에 왼손잡이가 많다는 점도 자주 들먹이곤 한다. 왼손잡이들에겐 좀 미안하지만 그래도 오른손잡이 중에 훌륭한 사람들이 훨씬 많다. 왜냐면 인류의 약 90%는 오른손잡이이기 때문이다.

오른손잡이가 압도적으로 많은 이상 왼손잡이가 겪는 일상의 불편함을 완전히 없애기는 어렵다. 아이가 어릴 때 왼손으로 밥을 먹거나 글씨를 쓰면 부모들이 잔소리를 하는 이유도 이런 불편함 때문이다. 오른손잡이로 강제 교정을 당해야 하는 왼손잡이들의 고통은 상당할 것이다. 오죽하면 DJ D.O.C도 왼손으로도 밥만 잘 먹으니 걱정하지 말라고 목청을 높였을까 싶다. 하지만 아이의 불편한 일상을 걱정하여 오른손잡이로 교정해주고 싶은 부모의 심정도 충분히 이해가 간다. 세상은 오른손잡이에 맞춰져 있기 때문이다. 자연적으로 발생하는 왼손잡이는 약 11%, 열 명 중 한 명만이 왼손잡이가 되는 것으로 알려져 있다. 이처럼 오른손만을 압도적으로 많이 쓰는 것은 모든 동물을 통틀어 인간뿐이라고 한다.

최근 들어 오른손잡이가 급격하게 늘어난 것은 아니다. 스페인 아타푸에르카 유적군의 시마 데 우에소스에서 발굴된 호모 안티세소르의 앞니를 분석한 결과 93% 이상이 오른손잡이였다는 결과를 얻었다고 한다. 인류는 아주 오래전에도 오른손잡이가 많았다는 결론이다. '도대체 앞니와 오른손잡이가 무슨 상관관계며 그리고 설사 관계가 있다 한들 또 그것을 어떻게 알 수 있느냐?' 하겠지만 이런 대단한 연구를 하는 것이 바로 고고학자들이다. 이 연구를 진행한 연구팀은 이곳의 고인류들이 사냥한 짐승에서 가죽을 벗기고 힘줄을 떼어내는 무두질을 하는 과정에서 앞니로 꽉 물고 돌칼을 이용하였는데 이 과정에서 앞니에 돌칼의 흔적이 남게 되었고 이 흔적의 방향이 오른쪽에서 왼쪽으로 즉 오른손잡이가 오른손에 도구를 잡고 사용한 흔적의 방향이라는 것을 발견했다. 이누이트나 몽골 유목민들이 식사를 할 때 고기를 앞니로 꽉 물고 칼로 쓱 베어 먹는 광경을 연상하시면 이해가 좀 더 쉬울 것이다. 앞니를 음식을 먹는 데만 사용한 것이 아니라 가죽을 무두질하는 데도 사용한 고인류의 앞니에 남아 있는 석기자국을 분석한 결과를 토대로 50만 년 전 인류의 93.1%가 오른손잡이라는 것을 알게 됐다고 하니 놀라운 연구결과다. 오늘날 우리 현생인류에게 자연적으로 발생하는 왼손잡이의 비율이 11%라는 것과 비교하면 크게 다르지 않은 비율이다.

그렇다면 왜 우리들은 대부분 오른손잡이일까? 우리가 대부분 오른손잡이가 된 이유는 인류가 석기를 만들기 시작하였기 때문이라는 설이 유력하다. 석기를 만들기 위해서는 돌망치로 원하는 부위를 정확하게 가격하기 위한 입체적인 시각이 필수적이다. 입체적인 시각은 우리 조상이 나무 위에 사는 영장류였을 때부터 발달하기 시작하였다. 나무와 나무 사이를 효율적으로 이동하기 위해서는 입체적인 시각이 필수적이다. 이런 시각을 위해서는 두 눈이 일직선상으로 배치되는 게 중요하다. 그래서 영장류의 두 눈은 다른 동물들에 비해 현저하게 앞쪽으로 이동하여 일직선상에 배치된 것이다. 3D 촬영을 위해서는 렌즈 2개가 필수적인 것과 같은 이유다. 석기를 만들기 위해서는 입체적인 시야 확보가 가능한 두 눈과 함께 정교한 손동작이 필수적이다. 석기를 만들 돌을 튼튼하게 잡고 망치돌도 꽉 움켜쥐고 입체적인 두 눈이 지정하는 목표 타격점을 정확하게 내리칠 때 돌날을 떼어내는 소기의 목적을 달성할 수 있다. 무엇보다 정교한 손동작이 매우 중요한 과정이다.

정교한 손동작을 지시하는 것은 뇌다. 인간의 뇌는 인체의 모든 기능을 제어하고, 외부로부터 입력되는 정보를 해석하는 기능을 한다. 뇌는 대뇌, 소뇌, 뇌간으로 구분되는데 대뇌가 팔과 다리의 운동 제어의 기능을 담당한다고 한다. 이 대뇌는 오른쪽 반구와 왼쪽 반구로 나뉘어져 있는데 이 두 개의 반구로 나뉜 뇌의 각 반구는 몸의 반대쪽을 제어한다. 그래서 뇌졸중으로 반신불수가 된 환자가 왼쪽 팔이 불편하게 되면 오른쪽 뇌에 이상이 생겼다고 판정하는 것이다. 특히 뇌의 왼쪽 반구 즉 좌뇌는 손의 사용과 언어를 주로 관장한다고 알려져 있는데 결국 석기를 잘 만들기 위한 정교한 손동작은 좌뇌가 활성화되어야 더 수월해진다고 볼 수 있다. 그래서 좌뇌의 운동조절기능의 영향을 받는 오른손잡이가 많아졌다는 것이다.

한편 정교한 석기로 무장한 인류가 본격적으로 체계적인 사냥을 시작하면서부터 오른손잡이들이 더욱 득세하게 되었다고 한다. 사냥은 생존의 필수 요소였다. 신중한 계획과 사고를 필요로 하는 수렵활동은 결과적으로 인류의 진화에도 큰 영향을 미쳤다. 효율적인 사냥을 위해서는 한 차원 높은 지능과 원활한 의사소통을 통한 동료 간의 협력이 필수적이었기 때문이다.

사냥은 석기만으로 이루어질 수 없는 행위이다. 오히려 도구보다도 사냥감에 대한 정보와 사냥감을 잡을 수 있는 전략이 있어야 하고 이를 실행하기 위한 사회적인 조직력이 요구된다. 물론 석기는 그 과정에서 매우 중요한 사냥도구였다. 잽싸게 도망가는 동물을 이리 몰고 저리 몰아 사냥하기 위해서는 동료들 간의 협동이 매우 중요하다. 내가 이쪽에서 몰아갈 테니 너는 앞쪽에서 숨어 있다가 뛰어나와라 하는 작전을 짜고 서로 협력하기 위해서는 정확한 의사소통과 정보의 전달이 필수적이다. 가장 효율적인 정보전달과 의사소통의 수단은 바로 언어다. 사냥꾼 인류는 자유로운 의사소통을 위해 언어를 발달시켰는데 뇌에서 언어를 관장하는 부분 역시 좌뇌라고 한다. 언어가 발달하면서 좌뇌의 활성화는 가속화되었고 이는 좌뇌의 운동제어를 받는 오른손잡이의 증가와 연관이 있다는 설명이다.

인류는 진화의 과정에서 석기를 만들고 사냥을 하면서 우연히 혹은 필연적으로 오른손잡이가 되었던 것 같다. 그렇다고 해서 왼손잡이가 쓸모없는 것은 전혀 아니다. 90% 오른손잡이가 모르는 그 무언가를 가지고 있는 게 왼손잡이다. 왼손잡이의 다름을 인정하고 존중하는 미덕을 가진 오른손잡이들이 많아지기를 기대해 본다. 소수의 왼손잡이와 다수의 오른손잡이가 조화롭게 꾸려가는 세상이 집단이기주의가 횡행하고 소수의견을 짓밟는 사회보다는 훨씬 바람직하지 않은가.

2부

인류의 기원

사냥꾼? 사냥감?

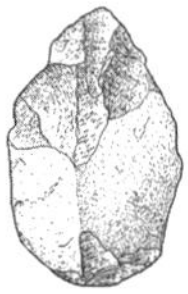

\# 장면 1

풀숲 사이를 두리번거리던 털북숭이 원숭이 한 마리가 문득 구부정한 두 다리를 꼿꼿이 펴고 일어선다. 두 손에는 날카로운 주먹도끼를 쥐고서! 이내 번개같이 얼룩말에게 달려들어 숨통을 끊고는 맛있게 고기를 뜯어 먹는다. 고기를 다 먹은 원숭이가 자리에서 일어나자 주변의 동물들은 두려움에 떨며 도망가기 바쁘다.

\#장면 2

바위틈에 숨어서 사자가 가젤고기를 다 먹기를 기다리는 털북숭이 원숭이 한 무리. 배를 채운 사자가 자리를 뜨자 황급히 고기 한 점을 주워서는 허겁지겁 먹어 치운다. 운이 없는 날에는 하이에나 등쌀에 고기 근처에는 가보지도 못한다. 고기 한 조각을 얻기 위해 정신줄을 놓았다가는 언제 표범에게 머리통을 물어 뜯길지 모르는 불안한 나날들. 살아남기 위해 발버둥치던 이들 손에 쥐어진 날카로운 돌 조각 하나, 그리고 시작된 사냥꾼으로의 조심스러운 출발.

초기 인류의 일상을 두 가지의 극적인 장면으로 구성해 보았다. 다윈은 인간의 기원 즉 인간이 직립한 이유를 #장면 1에 등장하는 털북숭이 원숭이처럼 도구를 만들어 다른 짐승들을 잡아먹기 위해서라고 설명하였다. 이 말에는 '인간은 애초에 두뇌가 커서 도구를 만들 수 있는 지능이 있었으며 이를 가지고 사냥을 할 수 있었다. 그리고 인간은 이러한 능력으로 오늘날의 전지전능한 문명인으로서 자연의 정점에 설 수 있었다.'는 뜻이 포함되어 있다. 그래서 인간의 기원을 사냥으로 설명할 수 있다고 보았고 이것이 바로 사냥이론이다.

하지만 오늘날 우리들은 아쉽게도 #장면 2에 등장하는 나약한 원숭이의 후손들이다. 물론 오늘날 동물원에서 볼 수 있는 원숭이가 우리의 조상은 아니다. 원숭이와 인간은 공동의 조상에서 출발했지만 수백만 년 전 서로 다른 진화의 길을 걷게 되었기 때문이다. #장면 2에 등장하는 불안한 하루하루를 보내던 원숭이처럼 인류 진화의 기나긴 여정의 시작점에 선 우리의 조상이 보잘 것 없는 나약한 존재였다는 것을 인식하기까지는 오랜 시간이 필요했다. 인간은 창조주 하나님의 피조물이자 만물의 영장이며 지구 위의 모든 생명체가 인간을 위해 존재한다는 인식만이 있던 시대에 인류가 사냥감에 불과한 미천한 생물이었다는 인식 전환은 선뜻 받아들이기 어려운 대단히 복잡한 문제였다.

1924년에 남아프리카 공화국의 스와트크란스 동굴에서 고인류 화석과 석기 그리고 유명한 타웅 아이(오스트랄로피테쿠스 아프리카누스)의 두개골을 발견한 레이먼드 다트는 자신이 발굴한 유적의 동물 잔해를 면밀히 분석해 오스트랄로피테쿠스들이 다른 동물을 사냥해서 잡아먹었던 흔적이 남아 있는 것이라고 주장했다. 오스트랄로피테쿠스가 무기로 사용되는 석기를 만들었고 그것으로 동물을 사냥했다고 생각했던 다트는 그가 발견한 화석들에 남아 있는 크고 작은 상처들에 주목했다. 그는 뼈에 남아 있는 이 상처들이 바로 타웅 아이의 동족들이었던 오스트랄로피테쿠스 아프리카누스들이 짐승을 사냥해서 도살하고 해체하여 게걸스럽게 고기를 뜯어 먹은 육식동물이라는 것을 알려주는 증거라고 생각했다. 또한 두개골에 남아 있는 구멍들은 이 당시 고인류들이 서로를 공격하는 과정에서 생긴 상처라고 주장했다. 동족의 머리통을 박살낼 정도로 강력한 살인무기를 만들기 시작하면서 두뇌가 점점 발달해 갔다는 그의 설명은 다윈이 초기인류를 규정했던 사냥이론을 철저히 따른 견해이다. 레이먼드 다트에게 오스트랄로피테쿠스는 다른 동물을 사냥하기 위한 도구를 만들기 위해서 두 발로 일어선 무지막지한 사냥꾼들이었다. 레이먼드 다트를 포함한 당시 사람들은 인류는 위대한 사냥꾼을 조상으로 둔 만물의 영장으로 모든 생명체 위에 군림하는 게 마땅한 존재이며 당연한 것이라고 생각했다.

한편 스와트크란스 유적의 형성과정을 면밀하게 분석한 고인류학자 브레인은 1981년에 펴낸 《The Hunters or the Hunted?》라는 책에서 이 유적은 다트가 생각했던 것처럼 고인류가 사냥한 먹잇감들을 도살하고 해체한 곳이 아니라 오히려 고인류가 표범에게 사냥을 당한 결과 만들어진 유적이라고 주장하였다. 다트와는 정반대의 결론, 즉 고인류는 사냥한 것이 아니라 사냥당한 것이라는 의견이다. 거룩한 도살자 조상을 가진 인류의 명성에 금이 가는 순간이었다. 브레인의 설명에 따르면 이 동굴 안에 퇴적되어 있던 다양한 동물 뼈와 고인류의 화석은 동굴 입구에 서있던 커다란 나무 위로 표범이 사냥한 먹잇감을 끌고 올라가 먹어치우고 남은 뼈들이 동굴 안으로 떨어져서 쌓이면서 형성된 것이다. 자기 몸집보다 더 큰 먹잇감을 능숙하게 나무 위로 끌어올리는 표범이 등장하는 동물의 왕국을 보신 기억이 있다면 이 동굴 입구의 상황이 머릿속에 그려질 것이다. 브레인이 정황증거로만 이런 사실을 확증한 것은 아니다. 다트가 동족을 살해한 흔적이라고 주장했던 고인류의 두개골에 남아 있던 두 개의 구멍을 면밀히 분석한 브레인은 이 구멍 두 개가 표범의 송곳니 자국과 꼭 들어맞는 것을 밝혀냈다. 동족을 내려친 석기에 두개골이 뚫린 게 아니라 표범에게 머리통을 물려서 나무 꼭대기로 끌려 올려진 오스트랄로피테쿠스의 두개골이라는 게 밝혀진 것이다. 애석하지만 초기의 고인류는 사냥꾼이 아니라 사냥감이었던 것이다. 세계의 유수한 구석기박물관이나 자연사박물관에 가면 브레인의 이러한 천재적인 분석을 모형으로 만들어 놓은 디오라마가 많이 있다. 우리 인간이라는 존재를 새삼 겸손하게 만드는 전시물이다.

초기의 고인류들이 불쌍한 사냥감이었다는 증거는 이 표범에 물린 자국이 남아 있는 두개골뿐만이 아니다. 다트가 발견했던 타웅 아이의 오른쪽 눈 안쪽 뼈에 남아 있는 자그마한 구멍 두 개는 독수리발톱 자국으로 밝혀졌다. 정신을 똑바로 차리지 않으면 표범에게 머리통을 물리고 독수리가 채가는 위험 속에서 하루하루를 살아가야 하는 게 초기 고인류들의 고달픈 일상이었다. 그것뿐이 아니다. 물을 마시러 강가에 내려갔을 때는 악어가 언제 덮칠지 모르는 긴장된 생활의 연속이었다. 180만 년 전의 호모 하빌리스의 발목뼈에 남겨진 선명한 악어의 이빨자국이 긴박했던 그때의 상황을 설명해 주고 있다.

이렇듯 초기의 고인류는 사냥꾼보다는 사나운 맹수들의 사냥감에 더 가까운 존재였다. 인간은 변화하는 환경에 적응하기 위해 두 발로 일어서는 선택을 하며 발 빠르게 적응하였지만 기본적으로 두 발로 걷는 직립보행은 자연 상태에서 무난히 살아가기에는 대단히 불편하기도 하고 매우 위험한 신체구조이다. 두 발로 서서 삐죽이 솟은 높은 키는 먹잇감을 노리는 맹수들의 눈에 잘 띄는 반면 달려드는 포식자를 피해 잽싸게 도망가기에는 동작의 민첩함이나 속도 그리고 안정성이 다른 네발동물들과 비교해 봤을 때 한참 뒤처진다. 그래서 변변한 사냥도구를 갖추지 못한 초기 인류가 맨몸으로 커다란 동물을 사냥한다는 것은 거의 불가능한 일이다. 아프리카의 사파리 코스에 혼자 고립되어 노출되었다고 생각해 보라. 배고픈 맹수들의 먹이가 되는 것은 시간 문제일 것이다. 만물의 영장이라는 입장에서는 받아들이기 어렵고 자존심이 상한다고 하더라도 스와트크란스의 뼈무더기에 대한 브레인의 명확한 해석은 이제는 그 누구도 반박할 수 없는 평범한 진리로 받아들여진다.

거대한 자연계에서 가련할 정도로 미약한 존재였던 인간은 변화하는 자연환경에 굴복하지 않고 적응하며 창의적으로 도구를 만들고 사냥기술을 발전시켰다. 사냥감에서 사냥꾼으로 진화한 것이다. 사냥꾼 인간은 진화를 거듭해 마침내 전 지구에 널리 퍼져 사는 가장 성공한(?) 대형 유인원이 될 수 있었다. 우리가 인류의 진화에 관심을 가지는 것은 앞으로도 우리 인간은 계속 진화할 것이기 때문이다. 과거의 교훈에서 오늘날의 우리를 이해하고 다가오는 새로운 미래를 대비하는 것이야말로 수백만 년에 걸친 인류 진화의 여러 장면 속에서 오늘날 우리들이 담당해야 하는 역할일 것이다.

두 발 걷기가 우리 몸에 남긴 변화

"머리 어깨 무릎 발 무릎 발~ 머리 어깨 무릎 발 무릎 발 무릎~" 하는 동요가 있다. 유치원에서 신나게 이 노래를 부르며 자신의 머리랑 무릎을 만지는 아이들처럼 자기 몸의 이곳저곳을 만져가며 이 글을 읽어 보시길 바란다. 우리 몸 이곳저곳에는 우리가 수백만 년 동안 두 발 걷기를 위해 진화하면서 남겨진 흔적들이 여기저기 잘 남아 있다.

오늘날 지구에 살고 있는 인류는 호모 사피엔스다. 수백만 년 전에 동아프리카의 열대우림에서 나무가 듬성듬성한 사바나로 내려와 두 발로 걷기 시작한 초기의 고인류들과는 모습이 아주 다르다. 수백만 년에 걸친 진화의 결과가 오늘날 우리 호모 사피엔스의 몸 어디에 남았는지 살펴보자.

우선 얼굴을 보자. 얼굴은 머리뼈와 턱으로 구성되고 머리뼈 안에는 뇌가 들어있다. 뇌를 직접 만질 수는 없지만 머리뼈를 양손으로 움켜잡고 이리저리 쓰다듬으며 머리뼈 속에 들어 있는 뇌를 느껴보시기 바란다. 수백만 년 전 변해가는 기후에 적응해야만 했던 고인류들은 살아남기 위해 식성을 바꾸었다. 식물성 자원에 주로 의지하던 삶에서 이것저것 심지어 동물의 고기까지 먹는 잡식을 선택했다. 환경과 먹거리의 변화에 적응하기 위해 처절한 변화를 시도한 고인류는 더 많은 영양분을 섭취하는데 유리하게 되었고 결국 뇌의 크기를 키울 수 있었다. 뇌는 크기에 비해 영양분을 많이 필요로 하는 신체기관이다. 그래서 연비가 낮은 뇌가 커지는 데는 동물성 단백질의 흡수를 통한 적절한 연료공급이 결정적인 역할을 했다고 할 수 있다.

호모 사피엔스는 점점 더 커지는 뇌를 담기 위해 머리뼈를 변화시켰다. 무작정 머리 크기를 키우는 게 아니라 절묘하게도 앞이마를 세우는 전략을 선택했다. 초기의 고인류들과 비교해 보면 우리들의 이마는 거의 직각에 가깝게 서있다. 이마를 세우면서 공간이 확보된 머리뼈 속에서 뇌는 점점 더 커지게 되었다. 뇌가 커지면서 지능은 점점 좋아졌다. 머리는 점점 커졌지만 눈 위에 툭 튀어 나온 부분인 안와상 융기라고 하는 눈두덩이는 이전의 조상들과 비교해 볼 때 아주 작아졌다. 우리들만의 독특한 모양을 한 머리뼈가 완성되어 가기 시작했다.

뇌가 점점 커진다는 것은 머리가 점점 좋아진다는 것을 의미한다. 머리가 좋아진 인류에게는 많은 변화가 생겨났다. 좋아진 머리로 도구를 발명했고 불을 자유자재로 다룰 수 있게 되었다. 불과 도구는 다시 우리의 신체 구조 특히 머리모양에 큰 영향을 미치게 되었다. 음식물을 먹기 좋게 돌칼로 잘게 썰고, 불에 구워 부드러워진 먹이를 먹게 되면서 딱딱하고 거친 먹이를 으깨고 가는 역할을 했던 크고 튼튼한 이빨이 필요 없게 되었다. 이빨은 작아지고 턱도 작아졌다. 이빨과 턱이 작아진 머리뼈의 여유 공간은 뇌가 적절히 배치될 수 있는 구조로 변해갔다. 툭 튀어나온 주둥이가 사라지고 턱 끝이 발달했다. 그 결과 사람의 얼굴은 이전의 고인류들과 비교해서 아주 납작해졌다. 머리에 남겨진 이 변화들은 뇌의 크기를 키우는 데 기여하였고 커진 뇌는 오늘날의 우리를 만드는 밑거름이 되었다.

팔과 손에도 진화의 흔적이 남아 있다. 사람은 어깨가 잘 빠진다. 팔꿈치뼈도 자주 탈골이 되는 부위 중의 하나다. 아이들이 어렸을 때 놀아 준다고 팔을 잡고 빙빙 돌리다 팔이 빠져서 크게 놀란 경험을 한 분들도 있을 것이다. 팔꿈치가 빠져 팔이 건덩건덩 거리며 우는 아이를 안고 급하게 병원으로 달려갔을 때 정형외과 의사가 팔을 잡고 두세 번 이리저리 돌리면 어느새 쑥 들어가서 정작 팔이 빠져서 울던 애도 놀라고 옆에서 애타게 지켜보던 엄마도 놀라게 되는 경우도 많다. 군대 면제 사유에 습관성탈골이 들어 있을 정도니 사람의 팔은 거의 조립식에 가까운 착탈식이다.

이런 유연한 팔 역시 진화의 과정을 거치면서 우리 몸에 남겨진 변화의 흔적이다. 인류의 조상이 나무 위에서 주로 살던 때는 나뭇가지를 붙잡고 이리저리 나무와 나무 사이로 이동해야만 했다. 빽빽한 열대우림에서 훌쩍 뛰어 건너편 나뭇가지를 꽉 잡았는데 팔이 쑥 빠져버리는 상황은 말이 안 된다. 그래서 유인원들은 어깨뼈나 팔뼈가 탈골이 되지 않게 꽉 고정되어 있다. 팔을 쭉 펴서 나뭇가지에 매달려 흔들흔들 해도 어깨뼈나 팔꿈치뼈가 빠지지 않는다. 두 발 걷기를 선택하며 나무 위에서 내려온 사람의 팔은 가끔 빠지는 부작용이 생겼지만 그 대신 단단하게 고정되지 않아 빙글빙글 자유롭게 돌릴 수 있게 되었다. 엄지손가락도 나뭇가지를 꽉 움켜잡을 수 있는 모양에서 크기와 각도를 변화시키고 관절의 유연성을 높여 나머지 다른 네 개의 손가락과 자유롭게 맞닿을 수 있게 되었다. 빙글빙글 자유롭게 움직일 수 있는 두 팔과 서로 맞닿는 다섯 개의 손가락은 정교한 도구를 만들고 사용할 수 있게 해 주었다. 두 발로 걷게 된 제일 큰 소득이다. 도구의 인간이 될 수 있었던 또 하나의 비밀이 팔과 손에 남아 있다.

두 발 걷기는 사실 매우 어려운 이동방법이다. 그래서 사람을 제외하고 모든 동물은 네발로 걷는다. 우리와 거의 비슷한 겉모습을 한 침팬지의 두 발 걷기도 어설프기 짝이 없다. 뒤뚱뒤뚱 어설픈 두 발 걷기는 체력낭비가 심하다. 두 발 걷기를 위해 변화된 인체의 해부학적 특징 중 무릎뼈와 골반뼈의 미세한 각도조절이 절묘하다. 사람의 넓적다리뼈는 무릎쪽으로 내려가면서 살짝 안으로 기울여져 있는데 이 기울어진 각도로 인해 다리를 쭉 펴고 똑바로 서있을 수 있다. 살짝 안쪽으로 기울어져 있는 사람의 넓적다리뼈에는 무릎뼈와 발뼈가 곧게 쭉 연결된다. 이런 다리 구조와 함께 살짝 안쪽으로 기울어진 위치 즉 몸의 중심부에 무게 중심을 잡을 수 있는 발바닥이 있어 똑바로 서 있기가 쉬우며 걸을 때도 무게 중심이 크게 흐트러지지 않게 되는 것이다.

무릎관절 역시 상반신이 이리저리 움직이지 않고 똑바로 잘 걷기 위해서 중요한 역할을 한다. 무릎관절은 다리뼈와 맞물려 있으면서도 다리를 곧게 뻗을 수 있게 함으로써 체중을 지탱하는데 필요한 에너지를 줄여준다. 또 무릎을 골반 바로 아래로 접어 올릴 수 있어 움직일 때 뒤뚱거리지 않게 해준다. 이렇듯 정교한 각도로 짜맞춰져 쭉 뻗을 수 있는 무릎뼈는 에너지낭비 없는 효율적인 두 발 걷기를 가능하게 해 주었다. 유인원들은 이 무릎뼈의 각도조절이 되지 않아 다리를 쭉 뻗을 수도 없고 무릎 역시 어정쩡하게 구부러져 있어 두 발로 똑바로 서있기가 매우 힘들다. 또한 다리뼈가 연결된 각도도 사람의 그것과는 차이가 커서 침팬지는 똑바로 서더라도 무게중심이 되는 발바닥이 몸의 중심부에서 바깥쪽에 있게 된다. 그래서 잠깐 두 발로 걷더라도 뒤뚱거릴 수밖에 없고 체력소모도 큰 것이다.

발바닥 역시 두 발 걷기의 충격을 흡수하기 위해 정교하게 진화했다. 아치를 이루고 있는 발바닥이 있기 때문에 걸음을 옮기면서 땅을 딛을 때 생기는 충격에너지가 직접적으로 척추를 타고 뇌까지 전달되는 것을 완화시켜준다. 얼마나 중요한 기능을 하는지는 역시 군대 면제의 중요 사유 중의 하나가 발바닥이 평평한 평발이라는 점을 생각해 보면 쉽게 이해가 될 것이다. 충격 흡수를 위한 정교한 구조를 가진 우리의 발은 크기까지 하다. 다른 동물과 비교해 봤을 때 사람의 발은 월등하게 크다. 집에서 키우는 개나 고양이 발과 비교해 보시라. 커다란 두 발은 몸의 무게중심에 위치해 있어 균형을 잡고 똑바로 서기에 아주 유리하다. 튼튼한 엄지발가락을 위시한 발가락들도 편안한 두 발 걷기에 한몫을 하고 있다. 두 발로 섰을 때 체중을 분산하여 지탱하는 것은 물론 무게중심을 이동하여 앞으로 전진할 때 다섯 발가락이 일제히 체중을 떠미는 운동을 하는 것이다. 이쯤 되면 두 발 걷기가 얼마나 정교한 메커니즘인지 다시 한 번 감탄하게 된다.

유난히 발달한 사람의 엉덩이도 두 발 걷기의 일등 공신이다. 엉덩이뼈에는 두 발로 걷기에 매우 적절한 각도로 다리뼈가 연결되어 있고 거기에 튼튼한 엉덩이 근육이 붙어있다. 가슴팍을 두드리며 엠파이어스테이트 빌딩을 기어오르는 킹콩의 엉덩이도 빈약하기 짝이 없다. 섹시한 청바지 핏은 애당초 기대할 수 없는 절벽에 가깝다. 그에 비해 사람의 엉덩이는 대단히 풍만하다. 점점 커지고 넓어진 엉덩이에 잘 발달한 근육은 두 발 걷기를 더 편하게 해주었다. 그리고 오래 걸을 수 있게 해주었다. 다른 동물과 비교되는 사람만의 뛰어난 운동능력인 지구력은 커다랗고 튼튼한 엉덩이가 있기 때문에 가능한 일이다.

두 발로 서고 걷고 심지어 뛰기까지 하면서 밑으로 쳐지는 내장기관들은 충격 흡수가 관건이었다. 해결방법은 갈비뼈를 앞뒤가 좁고 양쪽으로 넓은 그리고 아래는 좁은 타원형의 오목한 그릇같이 만들어 내장을 그 안에 꽉 채우는 것이었다. 내장맞춤형의 정교한 형태로 진화한 갈비뼈는 오래 서있거나 빠르게 달려도 내장기관을 적절하게 보호할 수 있다. S자 모양으로 휘어진 척추뼈도 두 발로 걸을 때 무거운 머리와 몸 전체를 안정적으로 지탱해 주었다. 척추뼈 끝에는 지금의 우리에게 사라진 꼬리뼈의 흔적도 남아 있다.

우리 몸을 두 발 걷기에 최적화시켰지만 원래 네발로 걷던 몸이었기 때문에 부작용도 생겼다. 두 발 걷기를 하면서 변화된 신체구조로 감당할 수 없는 고통이 따라온 것이다. 다리, 허리, 무릎, 엉덩이, 발바닥 등 두 발 걷기에 동원된 곳들은 계속되는 통증에 시달리게 되었다. 디스크질환이 대표적이다. 출산의 고통 역시 두 발 걷기의 어쩔 수 없는 숙명이다. 그래도 허리를 부드럽게 펴고 다리를 쭉 뻗으며 걸으시기 바란다. 두 발로 걷기 위해 변화된 몸은 걸어 주어야만 오래 사용할 수 있기 때문이다.

명석한 두뇌보다 튼튼한 두 다리

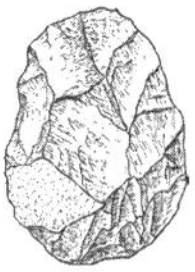

지구상의 수많은 동물 중에 사람만이 두 발로 걷는다. 그것도 똑바로 서서 걷는다. 사람이 다른 동물과 구분되는 가장 중요한 체질적 특징이 바로 두 발로 똑바로 서서 걷는 것, 직립보행이다. 침팬지나 긴팔원숭이 같은 영장류들도 가끔씩은 두 발로 걷기도 하지만 잠시 일어서거나 급하게 후다닥 뛰어갈 때 잠깐뿐이다. 닭이나 타조도 두 발로 걷는다고 주장할 수 있지만 포유류 중에서 언제나 두 발로 걷는 동물은 우리들 사람, 호모 사피엔스뿐이다. 그래서 인류의 진화를 이야기할 때 가장 앞에 등장하는 즉 가장 오래된 고인류는 다른 영장류와 달리 두 발 걷기를 한 고인류에서부터 시작한다. 처음 두 발로 걷게 되면서부터가 인류에 속하기 때문이다. 그래서 두 발로 제법 잘 걸었을 법한 인류의 오래된 화석이 발견되었을 때 항상 대서특필되는 것은 최초로 두 발로 일어서서 걷기 시작한 사람 즉 인류의 조상을 찾아냈을 수도 있다는 기대감 때문이다.

인류가 수백만 년 전에 직립보행을 시작한 것은 틀림없어 보인다. 그렇다면 인류의 조상이 왜 두 발로 걷기 시작했을까? 앞서 말했듯이 직립보행의 이유를 설명하는 가장 유력한 학설은 나무 위에 살던 인류조상이 환경변화에 의해 즉 기후변화에 열대우림이 사바나로 변하는 과정에서 나무 위에서 내려오면서부터 시작되었다는 설명이다. 나무 위에서 내려온 고인류가 여러 가지 요인에 의해 차츰 네발 걷기에서 두 발 걷기로 진화해 나갔다는 것인데 사실 이에 대한 여러 가지 반론도 만만치 않다. 직립보행은 한 가지 요인이 아니라 굉장히 다양한 이유와 과정들이 종합적으로 작용하여 최종적으로 선택된 적응방식일 것이며 앞으로도 오랜 기간 인류의 기원에 관한 연구에 중요한 비중을 차지할 것이다.

그렇다면 과연 언제, 어떤 고인류가 본격적인 두 발 걷기를 시작했을까? 이 질문에 대해서는 아직도 여러 가지 연구자들이 각자 다른 주장을 하고 있다. 첫 번째 후보는 약 700만 년 전부터 두 발로 걸었던 것으로 추정되는 사헬란트로푸스 차덴시스다. 현지어로 '삶의 희망'이라는 뜻의 투마이라는 별명으로 불리는 700만 년 전의 이 고인류 화석은 아프리카 차드의 두라비 사막에서 여러 조각으로 부서진 두개골 화석만 발견되었다. 머리뼈만 달랑 하나 그것도 조각조각 부서진 채 발견되었을 뿐인데 어떻게 투마이가 두 발로 걸었다는 것을 알 수 있을까?

이 투마이의 머리뼈를 뒤집어보면 대후두공이라는 부분이 남아 있다. 대후두공은 머리뼈와 척추뼈가 연결되는 구멍이다. 뇌와 척추의 복잡한 신경조직이 이 대후두공을 통해 서로 연결되어 있는 것이다. 사람의 대후두공은 머리 정 가운데에 있다. 침팬지는 머리 정중앙에서 상당히 뒤쪽에 있다. 머리가 어떤 부위인가? 인체에서 가장 무거운 부분이 머리다. 무거운 머리를 똑바로 바짝 치켜들어야만 비로소 제대로 된 직립보행이 가능하다. 그래서 사람의 대후두공은 척추가 머리를 똑바로 떠받칠 수 있는 위치 즉 머리뼈 무게가 주는 충격을 최대한 잘 흡수 할 수 있는 두개골의 정중앙에 뚫려 있는 것이다. 머리뼈의 중앙부에서 뒤쪽에 치우쳐 대후두공이 위치한 침팬지는 척추뼈가 머리뼈의 후면 즉 뒤통수 가까운 부분에서 연결된다. 머리를 똑바로 들기에는 무게중심이 너무 앞쪽에 실리게 되는 것이다. 무거운 머리를 오랫동안 똑바로 들래야 들 수가 없는 불리한 신체구조를 갖게 된 침팬지는 장시간 두 발 걷기를 할 수 없다.

문제의 투마이는 이 대후두공이 침팬지보다는 상당히 앞쪽 즉 중앙부 쪽에 가깝게 뚫려 있다. 머리를 똑바로 쳐들고 비교적 꼿꼿이 장시간 일어설 수는 있는 구조라고 해석할 수 있는 위치에 대후두공이 뚫려있다. 그러나 직립보행을 한 것으로 볼 수 있는 증거가 머리뼈밖에 없기 때문에 투마이를 인류 진화의 맨 앞자리에 앉히는 문제에 대해서는 학자들 간에 다소 의견차가 있다. 700만 년 전의 투마이를 받아들이지 않더라도 아르디피테쿠스가 등장한 400만 년을 전후한 시점에서는 직립보행에 꽤 익숙해졌던 것은 틀림없어 보인다.

일명 아르디로 불리는 아르디피테쿠스 라미두스는 1992~1993년에 팀 화이트가 이끄는 국제 조사연구팀에 의해 에티오피아의 아와시강 중류 지역에서 발견되었다. 1994년의 조사에서는 전체 골격의 45%에 이르는 화석이 발견되었다. 아르디는 인류의 진화단계에서 가장 첫 번째로 두 발로 일어선 인류의 조상 후보로 급부상하였다. 왜냐하면 아르디 역시 대후두공이 상당히 앞쪽으로 이동해 두개골의 중앙부에 가까운 위치에 뚫려 있었기 때문이었다. 이런 아르디의 두개골을 둘러싸고 아르디가 인류와 어떤 관계에 있는지에 대한 격렬한 논란이 벌어져 왔다. 2009년 아르디의 두개저 부위 즉 두개골 밑 부분을 면밀히 분석한 결과 아르디는 오스트랄로피테쿠스 및 현생인류와 유연 관계가 있지만 유인원과는 구분된다는 것이 밝혀지면서 아르디는 인류 진화의 가장 앞단계에 위치하는 후보로 인정되었다. 아르디는 투마이와 달리 신체의 여러 부위가 함께 발견되어 상대적으로 유리한 위치에 있다. 아르디는 뇌가 아주 작고 엄지발가락은 아직도 나무 타기에 더 적합한 형태를 갖고 있긴 하지만 작은 송곳니는 인류와 유사하며 골반의 상부 구조는 두 발 보행에 적합하게 적응한 구조를 갖고 있다. 이런 아르디의 신체적인 특징은 한마디로 두 발로 일어서기는 한 것 같은데 아직도 나무 위에서 완전히 내려오지는 않았다는 것이다. 아르디는 우리처럼 직립보행을 하면서도 나무 위를 오르내리는 등 지상과 나무의 세계를 넘나들며 살고 있었던 것으로 보인다. 아르디가 직립보행의 시작과 관련된 문제에서 매우 중요한 역할을 차지하는 부분은 과연 두 발로 걷기 위해서 나무에서 내려왔냐는 질문과 관련된 것이다. 아르디의 발견 이전에는 나무에서 내려와서 사바나의 환경에 적응하는 과정에서 두 발로 걷게 되었다는 것이 인류의 두 발 걷기를 설명하는 데 가장 타당한 학설로 인정받는 분위기였다. 아르디가 등장한 이후에는 두 발로 걷게 되었지만 곧바로 나무 위에서 내려온 것 같지는 않다는 점이 부각되었다. 최근에 아르디의 두 발 걷기를 영상 시뮬레이션으로 분석한 결과 이들은 영장류가 두 발 걷기를 할 때처럼 뒤뚱뒤뚱 우스꽝스런 자세로 엉거주춤 걸었던 게 아니라 지금의 우리와 유사한 방식으로 걸음을 걷고 있었다는 것이 밝혀졌다. 아르디의 등장은 나무 위에서 살면서 두 발 걷기를 하게 되었는지 나무 위에서 내려오면서 두 발 걷기를 하게 되었는지를 놓고 논쟁하는 고인류학자들에게 두 발 걷기의 시작에 대한 새로운 시각을 갖게 해준 것이다.

지금 우리는 매일 일상적으로 별 어려움 없이 잘 걸어 다니고 있지만 이 걷는 과정은 사실 간단치 않다. 걷는다는 것은 매우 정교한 해부학적 메커니즘이 작용하는 과정이다. 몸 전체가 유기적으로 움직이는 게 두 발로 걷는 과정이지만 두 발에만 집중해서 보더라도 인간은 참으로 놀라운 묘기를 부리는 복잡한 기계다. 우선 발바닥을 땅에 붙이고 똑바로 선 상태에서 엄지발가락에 힘을 꽉 주고 발을 든다. 다른 발가락들이 들으면 서운하겠지만 엄지발가락이 떡 버티고 힘을 주어야만 똑바로 서기도 쉽고 첫걸음을 뗄 수도 있는 것이다. 적어도 두 발 걷기에 관해서는 다른 발가락들은 엄지발가락의 보조역할에 만족해야 할 것이다. 땅바닥을 딛고 걸음을 뗀 그 발은 무릎이 약간 구부러진 상태로 앞으로 쭉 뻗어나가 적당한 넓이에서 다시 지면을 향해 발바닥을 내리면서 이번에는 반대로 발뒤꿈치가 땅에 닿으면서 발 전체가 몸의 체중을 지탱하며 엄지발가락에 힘을 주는 자세로 멈춘다. 멈춘 다리는 반대편 다리가 다시 똑같은 과정을 거치면서 발을 떼는 과정을 수행할 때 체중을 버티고 중심을 잡아주는 지지대와 같은 역할을 한다. 이 과정을 아주 리드미컬하게 반복하면서 앞으로 앞으로 걸어갈 수 있게 되는 것이다. 엄지발가락과 발바닥 그리고 발뒤꿈치의 역할만을 설명했을 뿐인데도 글로 써놓은 두 발 걷기의 과정은 매우 복잡하다. 머릿속으로 전 과정을 시뮬레이션하면서는 제대로 걷기가 어려울 정도다. 하지만 실제 우리들은 이 과정을 아주 연속적으로 무리 없이 수행하고 있다. 아무리 현대기술이 정교해도 아직은 사람이 걷는 것 같은 정교한 기계장치를 만들기는 불가능한 이유다.

그렇다면 두 발로 걷는다는 것, 두 발로 걷게 되었다는 것의 의미는 무엇일까? 우리 인류를 다른 동물과 구분 짓는 가장 중요한 특징으로 흔히 뇌가 다른 신체기관과 비교했을 때 크다는 것 즉 머리가 좋다는 것을 드는 경우가 많다. 아무래도 만물의 영장이라는 자화자찬의 타이틀을 염두에 두었을 때 다른 동물들과 비교되는 가장 확실한 차이점이면서도 특히 인류가 이룬 과학문명의 자부심과도 연결되기 때문이리라 이해된다. 그러나 인류 초기의 두 발 걷기를 시작한 고인류들이 알려주는 것은 오늘의 우리를 있게 한 것은 명석한 두뇌가 아니라 튼튼한 두 다리라는 것이다. 머리가 먼저 좋아지고 두 다리로 일어선 것이 아니라 두 다리로 일어서서 부지런히 돌아다니다 보니 뇌도 커지고 머리도 좋아진 것이다. 잔머리 쓰는 사람보다는 두 다리로 부지런히 열심히 돌아다니며 성심껏 최선을 다하는 사람이 인정받아야 하는 당위가 여기에 있다.

구워야 제맛

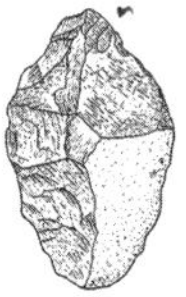

조선후기 풍속화의 대가 김홍도의 그림 중에 〈사계풍속도〉라는 작품이 있다. 이 작품은 높이 1m, 폭 50cm 정도 크기의 비단에 사계절의 여러 풍속을 곱게 채색하여 그린 그림 8첩으로 꾸민 병풍으로 김홍도의 대표작 중 하나로 손꼽히는 명작이다. 이 8폭 병풍 가운데 겨울의 풍경을 그린 '설후야연雪後夜宴'이라는 작품에는 소나무에 눈이 소복이 쌓였고 달 밝은 겨울밤에 화롯불을 피워놓고 옹기종기 모여앉아 고기를 구워 먹는 장면이 나온다. 지금은 프랑스 기메미술관에 소장되어 있는 이 작품을 가만히 들여다보고 있으면 지금이라도 사이에 끼어들어 맛나게 구운 고기 한 점에 술 한 잔을 곁들이고 싶은 충동이 느껴진다. 숯불에 구운 고기가 얼마나 맛있으면 추운 겨울

밤에 찬바람을 맞아가면서까지 고기를 구웠을까? 그래서 이 작품에는 아예 '고기굽기'라는 별칭이 따로 붙어 있기도 하다. 아무튼 구워 먹는 고기의 맛은 전 세계 누구나 즐기는 맛 중에 대표선수라고 해도 과언은 아니다. 아무 양념도 하지 않은 신선한 육고기를 숯불에 직접 구워 먹는 직화구이 바비큐는 인류역사상 최초의 요리이자 가장 오래 인기를 누려온 요리이며 가장 간단한 조리법으로 가장 오묘한 맛을 내는 요리가 아닐까 싶다.

인류의 진화에서는 먹거리와 관련된 몇 가지 극적인 변화들이 있었는데 그중에 가장 중요한 사건들에는 고기가 자주 등장한다. 그러나 사실 인류는 처음부터 고기를 먹을 수 있게, 고기를 즐겨 먹게 태어난 존재는 아니었다. 그동안 먹을 필요가 없었던 고기라도 먹어야만 살아남을 수 있는 환경에 놓이게 된 것이다. 초기 인류가 고기를 먹는 선택을 하게 된 것은 신의 한수라고 할 만큼 중요한 결정이었다. 우여곡절 끝에 고기를 먹게 된 인류가 새로운 방식의 고기 먹기 즉 구워 먹기에 눈을 뜨게 된 것은 수백만 년에 걸친 인류 진화의 역사에서 매우 중요한 변곡점을 차지하고 있다.

언제 처음 고기를 구워 먹었을까? 고기를 구워 먹으려면 당연히 불이 있어야 했기 때문에 고기를 구워 먹게 된 역사는 불의 사용과 떼려야 뗄 수 없는 상관관계가 있다. 아직 정확한 시점은 알 수 없지만 불의 사용이 시작된 연대가 점점 올라가는 것으로 보아 고기를 구워 먹게 된 시기도 점점 더 오래된 때로 거슬러 올라갈 것이다. 필요

할 때마다 불을 피우고 컨트롤할 수 있는 기술적인 능력과는 별개로 적어도 백만 년 전의 초기인류들은 매일 매일은 아니더라도 가끔씩은 불에 구운 고기를 틀림없이 먹었을 것이다.

구석기시대의 여러 사건들은 마치 드라마 줄거리를 연상하듯이 상상하며 재구성하는 재미가 있다. 직접 눈으로 보지는 못한 사건들이지만 남겨진 여러 가지 고고학적 증거를 가지고 이리저리 꿰맞추는 즐거움을 누리는 게 고고학자의 몇 가지 특권 중의 하나일 것이다. 그 특권을 누려서 상상해 보자.

번개가 내리치거나 매우 덥고 건조한 환경에서 자연발화되어 산불이 나는 경우는 지금도 가끔 발생하는 자연현상임을 상기해 볼 때 대규모의 산불이 지나간 그 자리는 초기인류에게는 5성급 호텔의 뷔페식당에 버금가는 만찬장이지 않았을까? 산불이 지나간 자리를 어슬렁어슬렁 돌아다니며 한 손에는 잘 익은 가젤의 뒷다리를 들고 입속 한가득 얼룩말 고기를 질겅질겅 씹고 있는 오스트랄로피테쿠스 한무리의 즐거운 미소를 떠올리는 것은 어렵지 않은 상상이다.

이때 맛본 불에 구운 고기는 인류에게 많은 변화를 가져다주었다. 불에 잘 구워진 고기는 무엇보다 먹기에 편했다. 날고기는 영양분이 풍부했지만 먹기는 제법 불편하고 씹어 삼키려면 꽤 많은 시간이 필요한 음식이었다. 날고기를 덩어리째 입에 넣고 씹어서 삼키는 일은 사실 여간 고역이 아니다. 이에 반해 불에 구운 고기는 날고기보다는 훨씬 부드럽게 씹히기 때문에 먹기가 훨씬 편하다. 먹기 편하다는 것은 짧은 시간에 많이 먹을 수 있다는 것을 뜻한다. 인류 진화의 역사를 돌이켜 보면 인류에게는 먹는 시간을 얼마나 줄이고 그 남은 시간을 어떻게 효율적으로 사용할 수 있는가를 끊임없이 연구하는 과정이 매우 중요한 생존전략이었다. 이런 점에서 불에 구운 고기는 먹는 시간을 월등히 줄여 주었으니 불에 음식을 구워 먹는 화식은 인류에게 다른 생산적인 활동을 할 수 있는 여분의 시간을 가져다 준 셈이다. 불에 구운 음식을 먹음으로 먹는 시간이 짧아졌음에도 흡수할 수 있는 영양분은 더 많아졌다. 오늘날 인류가 진화의 무한경쟁에서 살아남을 수 있었던 원동력 중에 하나가 고기를 먹게 된 것뿐만 아니라 고기를 구워 먹게 됨으로 더욱더 풍부한 단백질을 섭취할 수 있게 되었기 때문이라는 점에는 큰 이견이 없다. 고기를 굽게 되면 날고기에 남아 있던 각종 기생충이나 세균들로부터도 안전하게 되고 고기가 가지고 있는 영양분을 보다 더 완벽하게 흡수할 수 있다. 진화에 필요한 영양분들은 이제 불에 구운 고기로부터 충분히 섭취할 수가 있게 되었다.

단지 고기만이 아니다. 각종 뿌리식물에 포함되어 있는 탄수화물이나 소화나 흡수되기 어려운 식이섬유들도 불에 구웠을 경우 소화하기 쉬운 성분으로 변화되어 더 쉽게 먹을 수 있고 맛도 좋다. 그리고 많이 먹을 수 있다. 고구마 한두 개를 날로 먹는 경우와 군고구마 몇 개를 먹는 수고를 비교해 보면 구워 먹는 음식의 효용성을 쉽게 짐작할 수 있다. 심지어 사과나 바나나 같은 과일들도 불에 구웠을 경우

항산화물질 및 펙틴 성분이 증가하고 수분이 날아가면서 영양 성분들이 농축되어 영양가도 훨씬 높아진다고 한다. 달달하게 맛까지 좋아지니 말 그대로 구워야 제맛인 것이다.

음식물을 익혀 먹게 되면서부터 음식물의 영양분을 거의 완벽하게 흡수하는 것이 가능해졌다. 영양분의 흡수율이 높아지면서 우리 몸에는 잉여영양분이 쌓이게 되었다. 생명을 유지하는데 필요 충분한 영양분뿐만 아니라 다른 곳에 쓸 수 있는 영양분이 쌓이게 되면서 이 잉여영양분들을 이용하는 특정부위 특히 뇌가 발달할 수 있었다. 뇌가 커지는 과정들은 아주 오랜 기간에 걸쳐 서서히 변화를 일으켰다. 두 발 걷기를 시작한 초기인류에서부터 시작해 호모 사피엔스에 이르기까지 뇌의 크기가 약 3배로 커지는 데는 수백만 년이 걸렸다. 이렇게 커진 뇌로 인간은 각종 도구를 포함한 문화를 만들어 내었으며 오늘날 전 지구상에 유일한 지배자(?)와 같은 지위를 차지하며 살아갈 수 있게 되었다.

충분한 영양분을 섭취하여 뇌가 커지게 되는 과정에서 뇌를 담을 수 있는 그릇 즉 두개골의 크기도 점점 커지지 않으면 안 되었다. 인류의 머리 크기를 키우는 데 구워 먹는 음식물들도 큰 역할을 했다. 날고기나 딱딱한 나무뿌리, 견과류를 씹어 먹기 위해서는 커다란 어금니와 날카로운 송곳니가 필수적이었다. 튼튼한 근육이 턱에 붙어야 했고 이빨들은 마치 그라인더와도 같이 크고 뭉툭했으며 이 커다란 이빨들을 담고 있는 입은 앞으로 툭 튀어나올 수밖에 없었다. 커지는 뇌를 담기 위해 두개골이 커지는 과정에서 고기를 구워 먹게 된 인류는 커다란 이점을 얻을 수가 있었다. 날음식일 때보다 훨씬 부드러워진 음식들을 씹기 위한 이빨은 점점 크기가 작아져도 충분한 기능을 발휘할 수 있었기 때문이다. 불로 구워 낸 먹거리들은 훨씬 적은 힘을 들여서도 충분히 꼭꼭 씹어 먹을 수 있게 되었다. 당연히 입안을 차지하고 있었던 이빨들의 크기가 줄어들면서 툭 튀어나온 입은 안으로 들어갈 수 있게 되었다. 같은 두개골 면적이라고 가정했을 때 뇌를 담을 수 있는 부분의 용적은 훨씬 커지게 된 것이었다. 여기에 앞이마를 세우는 전략까지 더해지면서 인류는 1,300cc가 넘는, 다른 동물들과 비교해봤을 때 신체 사이즈에 비해서 월등히 커다란 뇌를 가질 수 있게 되었다. 오늘날 우리의 자랑인 뇌가 커질 수 있게 된 원동력은 바로 구워서 제맛을 낸 음식물이었다.

이렇게 구워 먹는다는 것은 인류 최초의 요리법이었다고 할 수 있다. 이런 점에서 요리는 인류의 본능에 가까운 생존행위였다고 할 수 있으며 요리의 역사도 수백만 년이 되는 것이니 요사이 먹방이 그리 유행을 하는 것은 지극히 당연한지도 모른다. 발갛게 타오르는 숯불 위에서 잘 구워져가는 고기 한 점을 지긋이 바라보는 즐거움은 수백만 년을 관통하는 인류공통의 즐거움이라고 할 수 있다.

만일 인간이 구워 먹는 음식 요리법을 발견하지 못했다면 하루 대부분을 음식을 씹으며 보냈을 지도 모른다. 평균적인 인간이 생존하기 위한 열량을 얻기 위해서는 매일 약 5kg의 날음식을 6시간씩이나 꾸역꾸역 씹어 먹어야 된다고 한다. 고기를 먹기 시작하면서 뇌가 커지고 지능이 발달하게 된 인류는 불에 구워 요리를 해먹기 시작하면서 소화시간을 크게 단축시킬 수 있었다. 결과적으로 먹는 데 들이는 시간 즉 기본적인 생존활동에 투여되는 시간을 크게 줄일 수 있었던 셈인데 인간은 그 남는 시간을 사회적인 활동에 사용할 수 있었다. 사회적인 활동을 통한 협력망 구축은 다른 동물들이 넘볼 수 없는 인간 고유의 장점이 되었고 이는 결국 인류가 생존할 수 있는 원동력이 되었다. 그리고 아주 오랜 시간이 흘러 먹고 남는 시간을 이제는 다시 요리를 하고 요리를 하는 것을 즐겨보는 세상이 되었으니 앞으로 펼쳐질 요리인류의 미래가 자못 궁금해진다.

고기라도 먹자

해마다 연천의 전곡리 구석기유적에서 펼쳐지는 겨울축제인 연천 구석기여행 축제장을 방문한 적이 있다. 찬바람을 맞아가며 수백 명의 사람들이 기다란 나무꼬챙이를 하나씩 부여잡고 매캐한 연기가 자욱한 모닥불 주변에 모여앉아 있는 광경은 그 자체가 장관이었다. 눈물을 참아가며 이들이 정성껏 부여잡고 있는 나무꼬챙이 끝에는 큼지막한 돼지고기가 한 덩어리씩 꿰어져 있었는데 어른 아이 할 것 없이 초집중한 행복한 표정으로 모닥불에 고기가 익어가기를 기다리고 있었다. 이 모습을 가만히 보고 있자니 수십만 년 전 전곡땅에서 옹기종기 모여 앉아 맛나게 구워진 사슴 뒷다리를 나눠먹던 사이좋은 호모 에렉투스 가족의 정겨운 모습도 떠올랐다. 지글지글 불판 위에서 노릇노릇 익어가는 삼겹살을 바라보는 즐거움을 상기해 보면 사람은 고기를 좋아하는 원숭이라는 말이 과언은 아니라는 생각이 든다.

고인류들은 오랫동안 식물을 위주로 한 음식을 먹고 살아왔다. 지금 현존하는 영장류 중에서 체구가 작은 것들은 모두 곤충을 잡아먹지만 덩치가 큰 영장류들은 음식의 대부분을 주로 식물성 먹거리에 의존한다. 인간은 대단히 체구가 큰 영장류에 속한다. 그런데 왜 이 큰 덩치를 가진 영장류인 인류가 고기를 먹게 되었을까? 그리고 언제부터 고기를 처음 먹기 시작하였을까? 그 오랜 고기 사랑의 시간을 거슬러 올라가 보자.

인류의 진화는 변화하는 기후에 적응하는 과정이었다. 문제는 이 기후가 여러 번 그것도 아주 극적으로 추워졌다 더워졌다를 반복한다는 점이다. 단단한 대비를 하지 못한 생명체들은 기후변화의 과정에서 속절없이 멸종되고 만다. 물론 인류의 경우도 마찬가지다. 인류 진화의 가계도를 들여다보면 여러 종의 고인류들이 변화하는 기후에 제대로 적응하지 못하고 결국 멸종하고 말았다. 수백만 년 함께 경쟁하며 지내던 여러 종의 고인류들 가운데 우리 종 호모 사피엔스만이 기후변동에 잘 적응하여 오늘날까지 살아남아 있는 것이다. 인류가 멸종하지 않고 살아남은 비결은 고기라도 먹자는 과감한 선택의 결과이었다.

지금으로부터 250만 년 전, 지구에는 빙하시대가 찾아들었다. 빙하시대는 여러 가지 요인에 의해 지구의 기온이 내려가서 북극의 얼음이 두껍게 얼고 바닷물의 양이 줄어들어 바닷물의 흐름 즉 해류의 이동방향이 바뀌고 대기 상의 순환구조도 변동이 생겨서 기후가 변하고 이런 기후변동에 의해 다시 북극지방에 두터운 빙하가 쌓이게 되면서 시작되었다. 북극에 빙하가 쌓이면 극지방뿐만 아니라 전 지구에 걸친 기후변화가 서서히 진행되게 마련이다. 지난 250만 년 동안은 인류의 역사 중에서 가장 추운 기후가 지속되었던 시기이다. 이 기후변동은 고인류가 터를 잡고 살고 있던 열대우림을 나무가 듬성듬성 자라는 사바나의 관목지대로 바꾸어 놓았다. 이런 식생의 변화를 거치면서 고인류는 구하기 쉽고 맛이 좋은 식물성 음식을 구하기가 점점 어려운 환경에 놓이게 되었다. 배가 고픈 정도가 아니라 굶어 죽게 될 위기국면이 서서히 다가오고 있었던 것이다.

기후변동은 고인류의 주된 식량자원이었던 과일이나 열매 같은 것들의 크기를 줄어들게 하고 개수를 현저히 감소시켰을 뿐만 아니라 먹을 수 있는 부분을 더욱 작아지게 만들었다. 견과류들은 씨앗을 감싸는 겉껍질을 더욱 단단하게 무장하였다. 아직은 그나마 남아 있는 식물성 자원에 의존하여 목숨을 연명해야 했던 고인류들은 이처럼 딱딱하고 거친 음식이라도 먹고 살아야 했다. 거친 음식을 씹어 삼키고 소화시키기 위해서 크고 넓적한 어금니가 필수적이었으며 이 어금니들의 기계적인 움직임을 잘 제어하기 위한 강력한 턱 근육이 필요했다. 그래야만 턱뼈와 어금니가 무사한 채 작고 단단한 식물성 음식들을 씹어 먹을 수가 있었을 것이다. 밤이나 호두를 통째로 우걱우걱

씹어 먹는다고 생각해 보라. 지금은 사라진 고인류의 한 종인 파란트로푸스 보이세이 화석에서는 이처럼 크고 단단한 어금니와 턱뼈 그리고 이 턱근육을 강하게 유지하기 위해 광대뼈가 툭 튀어나오고 근육이 단단하게 붙을 수 있는 돌기뼈가 마치 닭벼슬처럼 솟아있는 우락부락한 두개골 구조를 확인할 수 있다. '호두 까는 사람Nut Cracker'이라는 별명이 붙은 파란트로수스 보이세이의 어금니 윗면에는 거칠고 딱딱한 음식물을 씹을 때 생기는 홈이나 긁힌 자국들이 남아 있다.

오늘날 인간 내장구조를 소나 돼지와 같은 동물들과 비교해 보면 돼지 쪽에 가까운 잡식을 할 수 있는 구조를 가지고 있다. 하지만 인류 진화의 초기 단계에서는 침팬지나 고릴라와 같이 과일 같은 식물성음식들을 보다 더 잘 소화할 수 있는 내장을 가지고 있었을 것이다. 왜냐하면 동물성 식품에 비해 상대적으로 영양소가 낮고 다량의 섬유질이 포함된 식물성 음식을 소화하기 위해서는 내장, 특히 긴 대장이 필요하기 때문이다. 하루 종일 풀을 씹고 되새김질을 하는 소나 양의 내장이 그래서 구불구불 길고도 길다. 한편 초기 인류의 이빨은 육식을 하는 동물들에 비해서 송곳니가 작아 고기를 뜯어 먹기 어려운 반면 커다란 어금니는 마치 맷돌처럼 식물성 음식을 분쇄하는데 유리한 구조를 가지고 있었다. 이러한 신체적 특징은 우리의 과거 식단에서 고기가 차지하는 비중이 그다지 크지 않았음을 보여준다. 여러 가지 정황증거와 남겨진 화석들로 보아 초기 인류는 대부분의 먹거리를 식물성 자원에 의존하였던 것은 분명해 보인다.

음식은 먹는 것으로 끝나는 것이 아니다. 섭취한 음식물은 신체 내에서 영양분을 잘 흡수해야 하는데 그러기 위해서 잘 소화시켜야 하고, 소화되고 남은 음식찌꺼기는 몸 밖으로 잘 배설되어야 한다. 섭취나 소화에 관계된 내장구조는 쉽게 바꿀 수 없기 때문에 일반적으로 동물들은 먹는 음식의 종류를 바꾸지 않는다. 그래서 김치를 즐겨 먹는 개는 〈TV동물농장〉이나 〈세상에 이런 일이〉의 핫한 주인공이 될 수 있는 것이다. 개가 풀을 뜯어먹는 것은 그래서 있을 수도 없고 있어서도 안 되는 일이다.

기후변동의 격동기에 서있던 당시의 고인류들은 생존을 위한 중대한 선택의 기로에 서게 되었다. 방법은 두 가지뿐. 하나는 거칠고 질이 나쁜 식물성음식이라도 그냥 그대로 꾹 참고 먹는 것이고 다른 하나는 그동안 먹지 않았던 다른 종류의 음식이라도 먹어서 목숨을 더 연명하는 것이었다. 식물성음식 이외의 다른 종류의 음식은 바로 동물성 단백질 즉 고기다. 소나 양이 풀 뜯어 먹다가 고기를 먹겠다고 덤벼드는 경우를 생각해 보면 잘 상상이 안 된다. 우리 조상은 이런 말도 안 되는 도전을 했던 것이다.

고기사랑의 역사를 추적하는 시간여행에는 역시 사람만이 가진 특징이라고 할 수 있는 커다란 뇌도 등장한다. 사람의 큰 뇌는 유지비가 많이 들어가는 고효율 엔진이라고 할 수 있다. 약 1.3kg인 인간의 뇌는 전체 몸무게의 2% 정도밖에 되지 않지만 우리 몸이 사용하는 총 에너지의 20%를 사용한다. 신체에서 차지하는 비중을 생각해 볼 때 뇌는 아주 값비싼 에너지를 사용한다고 할 수 있다. 따라서 칼로리가 많은 고기와 같은 동물성 단백질도 능히 잘 먹는 식성으로 바꾸지 않았다면 우리 조상의 뇌 크기가 점점 커지는 일은 일어나지 않았을 것이다. 동물성 단백질에는 뇌의 성장에 꼭 필요한 물질인 지방산이 풍부하게 들어 있는데 뇌의 성장에 필요한 충분한 영양분 섭취는 점점 커지는 뇌에 필요한 값비싼 고효율 에너지를 적절히 공급해 주었으며, 그 결과 지능이 점점 발달하게 된 우리 조상들은 주먹도끼를 만들고, 위험한 사냥을 할 때 서로 협력하면서 더 쉽게 더 많은 동물성 단백질, 고기를 구하는 능력을 키워나갔고 뇌는 점점 더 커지고 정교해졌다. 결국 기후변동이 가져온 생사의 갈림길에서 고기라도 먹자고 과감히 선택한 조상님들 덕에 오늘날 인류는 전 지구의 지배자인양 군림하고 우주로까지 눈을 돌리는 질적, 양적 성장을 할 수 있게 되었던 것이다.

초기의 고인류들은 하이에나, 독수리와 같이 맹수가 먹다 남긴 고기찌꺼기나 부서진 뼈 속에 남아 있던 골수를 빨아먹는 야생의 사체청소부 역할을 하면서 서서히 동물성 단백질에 적응해 나갔던 것으로 보인다. 어느 날 갑자기 고기라도 먹어보자며 두 발로 일어선 위대한 사냥꾼이 아니라 보잘 것 없는 사체청소부였다니 자존심은 상하겠지만 어쩌겠는가? 그래도 그 시작은 미약했으나 끝은 창대한 것처럼 보이는 것에 위안을 삼길 바란다.

알고 있나 루씨

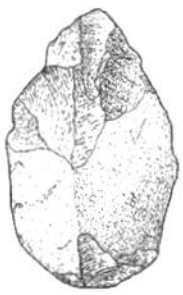

루씨Lucy는 지금까지 발견된 화석인류들 중에 가장 유명하고 친숙한 이름이다. 1974년 11월 24일 에티오피아의 아파르 삼각지역 아와시 강에 위치한 하다르 마을 근처 강가에서 발견되었다. 미국의 고인류학자 도날드 요한슨이 발굴한 루씨는 머리뼈를 포함하여 전체 골격의 46%에 달하는 양이 발견되었다. 신체구조를 거의 파악할 수 있을 만큼 복원된 루씨의 골격을 분석해 보니 키는 약 107cm, 몸무게는 약 28kg인 여자로 알려졌다.

인류 기원과 진화의 역사를 밝히기 위한 꿈과 희망으로 무장한 채 땡볕의 사바나를 뒤지는 고인류학자들은 고인류의 치아 하나, 뼈 한 조각만 찾아내도 행운이라고 생각한다. 작은 화석 파편 하나라도 그 안에는 엄청난 인류 진화의 비밀이 간직되어 있을 수 있기 때문이다. 신체 중에서도 중요한 부위인 두개골화석의 일부라도 발견하면 로또에 당첨된 것보다도 더 잡기 어려운 엄청난 행운을 잡았다고 자타가 공인하는데 도날드 요한슨이 발견한 고인류 화석은 완전한 전체 골격의 거의 절반 가량이 되었으니 이는 전례가 없는 대단한 일이었다. 한 사람의 뼈가 이 정도로 많이, 그것도 무려 300만 년이 넘는 오랜 시간 동안 보존되다가 발견된 것은 유례가 없는 대사건이었기 때문이다.

루씨라는 이름은 이 화석의 발견을 축하하는 파티에서 흘러나왔던 비틀즈의 노래 〈Lucy in the Sky with Diamonds〉에서 따온 것이라고 한다. 루씨를 발견한 도날드 요한슨에게 루씨는 밤하늘에 떠있는 다이아몬드처럼 아름다웠을 뿐만 아니라 진짜 다이아몬드를 살 수 있는 부와 명성을 가져다주었다. 에티오피아 현지어로 '당신은 아름답다.'라는 뜻을 가진 'Dinenesh'라는 별명도 가지고 있는 루씨는 도날드 요한슨에게 누구보다 아름다운 여인이었으며 로또나 다름이 없었다. 루씨가 고인류학의 다이아몬드이자 로또처럼 여겨지는 것은 아주 오래전 침팬지와 인류의 공통조상에서 현생인류로 진화하는 과정에서 존재했을 것으로 추정되는 과도기적 형태의 신체구조 즉 두 발 걷기와 관련된 정보를 아주 잘 보존한 채로 발견되었기 때문이다. 이제 루씨는 도날드 요한슨뿐만 아니라 우리 모두에게 다이아몬드처럼 영롱한 빛을 내는 불멸의 여인이다.

루씨는 적어도 320만 년 전에 동아프리카의 숲속 나무 위에서 내려와 네발이 아닌 두 발로 사바나의 수풀 속을 걸어 다녔던 것으로 보인다. 넓고 짧은 루씨의 골반뼈와 안쪽으로 오므려진 넓적다리가 보여주는 특징은 루씨가 현대인과 같이 두 발로 일어서서 두 발로 걸었다는 것을 알려준다. 하지만 루씨는 인간이라고 하기에는 너무나 작은 뇌를 가졌고 턱도 뾰족하다. 툭 튀어나온 얼굴 역시 인간보다는 유인원과 비슷하다. 두개골의 전체적인 생김새는 유인원과 비슷하지만, 치아구조는 인간과 더 비슷하다. 하지만 루씨는 전체적인 비율상 팔이 짧아지고, 다리는 길어지기 시작했다.

두 발 걷기라는 변화의 시작점 어딘가에 루씨가 서있었던 것은 분명해 보인다. 하지만 원뿔통같이 생긴 갈비뼈와 그리고 사람과 비교했을 때 아직은 짧은 다리와 유난히 긴 손가락과 발가락은 나무타기에 능숙한 유인원과 유사한 특징을 보여준다. 루씨의 전체적인 골격 형태는 이들이 비록 대부분의 시간을 나무 위에서 보내며 아직까지는 유인원과 비슷한 생활을 하였지만 똑바로 일어설 수도 있었고 두 발로 걸어 다니기도 하였음을 보여준다. 이렇듯 루씨는 수백만 년 전에 인류의 조상들이 이미 두 발로 일어서서 걷기 시작하였다는 것을 알려준다. 두 발 걷기가 오늘의 우리가 있을 수 있게 한 가장 중요한 신체적인 변화임을 상기해 볼 때 루씨는 수백만 년 전 나무 위에서 내려온 그때부터 인류의 위대한 진화의 행진이 시작되었음을 가장 직접적으로 보여주는 중요한 화석이라고 할 수 있다. 두 발 걷기의 증거를 수백만 년 간직했다 우리에게 알려준 루씨는 그래서 인류역사상 가장 위대한 여성이라고 할 수 있다.

지난 2008년 미국 텍사스대 인류학과 존 카펠만 교수팀은 컴퓨터단층촬영CT으로 루씨의 진본 화석을 찍어 3D 데이터베이스를 만드는 작업을 진행했다. 이 3D 데이터는 일반에게 공개되었는데 3D 프린팅에 관심이 있는 독자라면 누구든지 자기 집에 위대한 여성 루씨를 소장할 수 있게 됐다. 루씨의 뼈를 세심하게 관찰하던 연구팀은 루씨의 오른쪽 위팔뼈에 부러진 흔적이 있는 것을 발견했다. 그런데 이상한 점은 이 부러진 팔에서 자연적으로 치료된 흔적을 발견할 수 없었다. 팔이 부러졌지만 살았다면 시간이 지나면서 골절된 부위가 자연적으로 접합이 되었어야 했는데 부러진 흔적만 남아 있고 치유된 흔적이 없었다. 팔이 부러질 때 죽었을 수도 있다는 것이다. 그래서 온 몸을 자세히 살펴보니 왼쪽 팔, 왼쪽 넓적다리, 왼쪽 정강이뼈 등 화석으로 남아 있는 팔다리뼈는 모두 부러진 상태였다. 모두 끝부분이 부러진 것으로 보아 커다란 충격을 받아 관절 부위가 부러졌다는 것을 알 수 있었다. 놀랍게도 높은 곳에서 떨어질 때 생기는 골절상의 흔적이 우리의 루씨에게 남아 있었던 것이다. 나무 위에서 살았던 루씨가 나무 위에서 떨어져 목숨을 잃었다니 원숭이도 나무에서 떨어질 때가 있다는 속담의 기원이 수백만 년 전으로 거슬러 올라가는 순간이다.

오늘날 침팬지의 수면 행동을 조사한 연구 결과에 따르면 침팬지들은 평균 13m나 되는 나무 위에서 잔다고 한다. 머리통을 노리는 표범이나 새끼를 채가려고 호심탐탐 엿보는 독수리 같은 천적으로부터 안전한 나무 위 세상이야말로 침팬지들이 편하게 잠들 수 있는 곳이다. 하지만 침팬지들도 가끔 나무에서 떨어진다고 한다. 깊은 잠에 들었을 때 몸을 뒤척이다 아차하고 떨어지는 것인데 물론 떨어지다가 잽싸게 나뭇가지라도 움켜잡으면 목숨을 구할 수 있다. 하지만 가여운 루씨는 나무 위에서 그대로 땅바닥으로 떨어지고 말았다. 떨어지면서 정신을 차린 루씨가 몸의 중심을 잡고 똑바로 서보려고 애썼지만 워낙 높은 곳에서 순식간에 떨어진 루씨의 팔다리는 충격을 견디지 못하고 부러져버렸고 루씨는 결국 사망하고 말았다.

비운의 루씨에게는 남편도 있고 아이도 있다. 물론 루씨가 살아있을 때 꾸려진 가족은 아니고 루씨에 뒤이어 발견된 루씨와 같은 종 오스트랄로피테쿠스 아파렌시스의 다른 화석들과 맺어진 인연이다. 1992년 루씨가 발견되었던 곳인 이디오피아의 하다르 인근에서 요엘 락이라는 인류학자가 루씨와 같은 종인 오스트랄로피테쿠스 아파렌시스의 머리뼈를 발견하였다. 약 60조각으로 부서진 채 발견된 머리뼈 화석을 세밀하게 접합한 결과 머리뼈의 70%까지 복원할 수 있었다. 이를 통해 이 두개골 용량이 약 500cc라는 것을 알 수 있었고 그 연대는 약 300만 년 전으로 측정되었다. 이전에 발견되어 여성으로 확인된 루씨의 머리뼈보다는 상당히 컸다. 그래서 비록 머리뼈만 발견되었지만 크기가 루씨보다 크다는 이유로 이 머리뼈는 루씨와 같은 종 아파렌시스의 남성 머리뼈로 추정되었다. 동물계에서는 수컷의 몸집이 크다는 이유에서다. 이런 머리뼈 크기의 차이를 통해 오스트랄로피테쿠스 아파렌시스의 남성과 여성 사이에는 몸집 크기의 차이가 있었음을 알 수 있게 되었다고 주장하며 '루씨앙'이라는 이름을 붙였다. 루씨앙은 여성인 루씨에 남자임을 뜻하는 프랑스어 접미사 'en'을 붙여 남성임을 나타낸 별명이다. 이 루씨앙의 머리뼈가 고인류의 진화과정에 있어 남성과 여성의 신체 크기가 서로 차이가 있었음을 보여주고 있었다는 주장은 당연히 남성의 체격이 여성보다 컸다는 주장이다. 하지만 이러한 신체 크기의 차이가 개별 개체간의 차이인지 정말로 성에 의한 차이인지에 대해서는 아직도 논쟁이 끝나지 않고 있다. 최근 들어서는 '루씨가 과연 여자인가?'라는 의문까지 제기되고 있는 형편이고 보니 이래저래 루씨는 유명세를 치루고 있는 셈이다.

루씨의 아기는 지난 2000년 12월 10일 에티오피아 북동부 디키카 지역에서 발견돼 '셀람'이란 별명을 얻은 세 살짜리 여자 아이다. 셀람은 에티오피아말로 평화를 뜻한다고 한다. 루씨가 직접 낳은 아이는 아니지만 오스트랄로피테쿠스 아파렌시스 종의 어린아이기 때문에 루씨의 아기로 불리게 된 것이다. 세 살이라는 나이는 CT 스캔 촬영에서 확인된 아직 돋지 않은 채 턱에 붙어 있는 치아들을 통해서 짐작할 수 있었다. 셀람은 지금까지 발견된 가장 완벽한 고인류 표본으로 평가받고 있다. 완벽한 유골 보존 상태로 미루어 보아 아기가 홍

수에 휩쓸려 단시간 내에 퇴적물 속에 파묻혀서 숨진 것으로 추정된다. 셀람이 묻혀있던 퇴적물의 연대를 측정해본 결과 셀람이 물에 빠져 죽은 연대는 지금부터 약 330만 년 전쯤으로 확인되었다. 셀람의 화석에는 루씨의 화석에는 남아 있지 않았던 완벽한 어깨뼈가 남아 있었다. 이 어깨뼈의 구조와 생태를 자세히 연구한 결과 셀람의 가족들이 지금의 유인원과 매우 비슷한 나무 위 생활을 했던 것이 밝혀졌다. 루씨 못지않게 셀람의 운명도 비극적이었지만 셀람의 희생이 있었기에 루씨가 온전히 알려주지 못했던 초기 인류의 두 발 걷기 적응 과정을 보다 더 확실히 알 수 있었다.

고달픈 삶을 살았던 루씨와 루씨의 가족들이 남겨놓은 화석 증거를 통해 우리의 먼 조상이 어떻게 오늘날의 우리 같은 모습으로 진화할 수 있게 되었는지를 보다 더 자세히 알 수 있게 되었다. 나무 위에서 떨어지고 강물에 휩쓸리던 그들의 절체절명 그 순간의 기억이 보다 더 애틋하게 다가온다.

왜 쟤만 털이 없나요?

전곡선사박물관의 대표적인 전시물인 인류 진화의 위대한 행진 코너에는 700만 년 전의 사헬란트로푸스 차덴시스부터 1만 년 전의 만달인까지 14명의 고인류들이 실물 크기로 정교하게 복원되어 있다. 인류초기에 등장하는 고인류들은 모두가 털이 북실북실해서 마치 침팬지나 고릴라와 같은 모습을 하고 있다. 유명한 루씨 역시 온몸이 털로 덮여 있는데 이들 가운데 갑자기 털이 없이 매끈한 몸매를 자랑하는 고인류가 한 명 서 있다. 키 역시 훤칠해서 처음 보는 관람객들에게는 꽤나 충격적인 비주얼을 자랑한다. 궁금증 많은 아이들은 예의 "왜 쟤만 털이 없나요?"라는 질문을 연신 날리면서 신기해 한다. "얘들아, 이 분은 쟤가 아니라 아주 오래전 여러분들의 조상이에요."

라고 설명해 봐도 무소용이다. 털북숭이 사이에 서서 털 없이 매끈한 몸매를 자랑하는 쟤는 호모 에르가스터다. 호모 에르가스터, 아프리카를 벗어난 최초의 인류로 알려지고 있는 고인류다. 호모 에렉투스와는 형제지간일 수도 사촌지간일 수도 아니면 같은 종일 수 있는 이 고인류 호모 에르가스터는 180만 년 전 아프리카를 벗어나 저 멀리 조지아의 드마니쉬라는 곳에서도 터를 잡고 살았던 듯하다. 그래서 전곡선사박물관에 서 있는 호모 에르가스터에는 길을 떠난 모험가라는 그럴듯한 별명이 붙어 있다.

인류의 진화과정을 아주 짧은 말로 요약하여 표현하면 변화하는 환경에 적응하는 과정 그리고 이 적응력을 무기로 지구의 구석구석에 퍼져 살게 되는 과정이라고도 할 수 있다. 지구의 구석구석에 퍼져 살기 위해서는 맨 처음 터를 잡고 살기 시작한 아프리카를 벗어나야 했는데 현재까지는 아프리카를 벗어난 첫 인류라는 타이틀을 쥐고 있는 고인류가 호모 에르가스터이기 때문에 길을 떠난 모험가라는 별명을 얻게 된 것이다.

그렇다면 이 호모 에르가스터는 왜 아프리카를 벗어나게 되었을까? 그리고 왜 털북숭이 고인류들 사이에서 이들만 털이 없이 매끈한 몸을 갖게 되었을까? 궁금한 점이 한두 가지가 아니다. 호모 에르가스터의 먼 후예인 현생 인류 역시 털이 없다. 인류를 다른 동물과 구분 짓는 여러 가지 특징들이 있는데 유독 우리 인간만 털가죽이 없다는 점도 꼽을 수 있다. 가만히 생각해 보면 대부분의 포유동물들은 두터운 털가죽이 있다. 털가죽이 없는 것처럼 보이는 코끼리도 사실은 두터운 가죽에 빽빽하게 털이 박혀있다. 북실북실한 털에 두툼한 가죽을 걸친 동물들에 비해 털가죽 없는 인간은 맨몸으로 추위에 적응하기가 어렵다. 털이라고 해 봐야 아주 자세히 들여다봐야 보이는 솜털들뿐이다. 솜털 역시 일정부분 체온유지와 관련된 기능을 하지만 2중, 3중 여러 가지 길이로 빽빽하게 자라는 다른 동물의 털과는 비교할 수 없다. 털이 없는 얇은 피부 때문에 체온은 급격히 내려간다. 온 몸에 털이 수북하게 있으면 나뭇가지에 긁혀도 별로 큰 상처가 되지는 않을 것이다. 이렇듯 털은 분명 매우 유용한 생존 전략이기 때문에 인간을 제외한 모든 포유류가 털이 빽빽한 가죽으로 무장하고 있는 것이다. 그렇다면 왜 우리 인간은 다른 동물과 달리 털이 없는 매끈하고 얇은 피부를 갖게 되었을까? 털이 없으면 불편한 점이 한두 가지가 아닐 텐데 왜 이 불편함을 감수하고 총 193종의 유인원과 원숭이들 가운데 오직 단 한 종 우리 인간만이 과감히 털가죽을 벗어버리고 털 없는 원숭이가 되었을까?

우리가 털을 잃게 된 아니면 털을 없애게 된 이유에 관해서는 여러 주장이 있는데, 그 중에서 가장 설득력 있는 것은 체온유지와 관련된 것이다. 우리 인류의 조상이 아프리카의 무더운 기후에서 처음 등장하였던 것을 생각해 보면 체온유지와 털은 분명 상관관계가 있어 보인다. 특히 사냥꾼의 길을 걷기 시작한 고인류들에게 털가죽은 여간 귀찮은 것이 아니었을 것이다. 직립을 하고 도구를 만들기 시작한 호모들은 다른 식육동물들과 차별화된 사냥전략인 지구력을 무기로 들고 나왔다. 사냥감들에게는 어찌 보면 너무나 얄미운 선택이기도 했던 지구력작전은 사냥꾼인류의 뛰어난 적응 전략이 되었다.

직립 보행을 하는 인간은 신체구조상 네발로 달리는 동물보다 빨리 달리는데 불리하다. 사냥을 하거나 적을 피해 도망가야 하는 네발동물들은 다리 구조를 포함한 신체의 각 부위가 빨리 달리기에 적합하다. 인간의 달리기 실력은 이들에 비해 형편없다. 세계에서 가장 빠른 사나이라는 우사인 볼트의 세계 신기록 9초 58은 시속 37.5km 정도의 속도가 된다. 하지만 인간계를 대표하는 볼트의 스피드도 세상에서 가장 빠른 속도를 내는 동물인 치타의 시속 110km에는 근처에도 못 간다. 우리가 미련하고 느리다고 생각하는 곰도 시속 48km를 달릴 수 있으니 사람의 달리기 실력은 정말 명함 내밀 곳이 없다. 더군다나 동물의 왕국에 단골 사냥감으로 등장하는 톰슨가젤도 시속 80km의 속도로 내달리는 형편이니 애당초 사자나 치타처럼 사냥감보다 빠른 속도로 쫓아가서 먹잇감을 덮쳐서 잡는 것은 불가능한 일이다. 그럼에도 인류가 공포의 사냥꾼으로 우뚝 설 수 있었던 원동력은 무엇일까? 바로 하나의 목표물을 정해서 끈질기게 뒤쫓아가서 잡는 이른바 '추격사냥'의 비법을 통달했기 때문이다. 물론 오래달리기 능력을 뒷받침하는 신체구조의 진화가 있었기 때문에 가능한 전략이었다. 전력을 다해 사냥을 해야 하는 사자나 치타와 같은 맹수들이 급격한 체온상승을 견디지 못하고 그늘에 앉아서 혀를 뽑아 물고 헥헥거리는 것으로 강제 쿨링을 시도할 때 인간은 털이 없는 온몸을 냉각판 삼아 상대적으로 유리한 체온관리가 가능했다. 경쟁자들이 쉬고 있을 때도 사냥감이 지쳐 쓰러질 때까지 쫓아가는 데는 당해낼 재주가 없었을 것이다. 지금도 멕시코의 타라우마라족은 사슴의 발굽이 너덜너덜할 정도로 며칠이고 쫓아가서 탈진했을 때 맨손으로 잡는 추격사냥의 끝판왕이다. 얼룩영양을 쫓아 8시간 정도 달리는 것은 부시맨들의 일상이라고 하니 당하는 입장에서는 가히 공포의 추격자가 털 없는 원숭이, 사냥꾼 인간인 것이다.

최근 몇몇 학자들은 털이 없으면 이나 진드기, 벼룩 같은 체외 기생충이 숨을 만한 피신처도 없어진다는 점에 착안해서 인류가 털 없는 원숭이가 된 이유를 설명한다. 특히 이가 사람의 몸에 털이 없는 이유와 관련이 있다고 보는 학자들이 많다. 이는 귀찮고 불결하며, 전염병을 옮기는 위험한 기생충이긴 하지만, 인류의 역사를 밝히는 데 도움이 되기도 한다. '우리 몸에는 왜 털이 없을까?'하는 질문에도 이가 실마리를 던져준다. 내셔널 지오그래픽 같은 다큐멘터리에서는 침팬지 같은 영장류들이 서로 털을 골라주는 장면을 자주 볼 수 있다. 휴식시간의 대부분을 서로의 이를 잡아 주는 것인데, 이를 잡아주면서 사회화 훈련을 하기도 하겠지만 하루 종일 이를 잡고 털을 고르는 침팬지들 입장에서는 이는 그야말로 지긋지긋한 기생충인 것이다. 하지만 털을 없앤 덕분에 인류는 이같은 기생충에 더이상 시달리지 않게 되었다.

아직도 기생충으로 인간 주변에 남아 있는 것은 '몸니'이며 몸니가 남아 있는 것은 옷을 입기 때문이다. 몸니는 옷 속에 알을 낳으므로, 몸니의 기원을 조사하면 인류가 언제부터 옷을 입기 시작했는지를 추정할 수 있다고 한다. 몸니의 유전자 분석을 통해 19만 년 전에 몸니가 출현했다는 연구는 인류가 옷을 입기 시작한 때가 적어도 이때쯤임을 말한다. 얼기설기 가죽옷을 걸쳐 입은 네안데르탈인의 모습이 아주 잘못된 상상만은 아니라는 뜻이다.

"왜 재만 털이 없나요?"라는 질문에 다른 대답도 있다. 사람이 두 발로 일어서게 된 것이 조개를 잡아먹으며 물가 생활에 적응하였다는 수변이론에 근거해 인류가 물속에 적응하는 단계를 거치면서 거추장스러운 털이 없어졌다고 하는 이론이다. 여러 가지 이유가 있겠지만 결국 털을 포기해서 잃는 것보다 털을 훌훌 벗어 던짐으로 얻는 이익이 더 많았기 때문에 호모 에르가스터 단계에 이르러 본격적으로 털옷을 벗기 시작했을 것으로 보는 것이 타당할 것이다.

털이 없다는 것은 자신이 기생충이 없는 건강한 개체라는 것을 이성에게 광고하기 위한 목적으로 즉 성 선택을 위한 구애 도구라는 설명도 흥미롭다. 털 오라기 하나 걸치지 않은 벌거벗은 몸은 상대에게 섹시하게 인식된다는 것인데, 1969년 개봉된 영화 혹성탈출에서 인간 조지 테일러가 탈출을 도와준 원숭이인간 지라박사에게 감사와 이별의 키스를 해주려고 할 때 지라 박사가 머뭇머뭇 "하지만 넌 너무 못생겼어!"라고 말하며 마지못해 키스를 받는 장면을 떠올려 보면 털 있는 원숭이에게는 털 없는 섹시함은 통하지 않는 작전인 듯싶다.

오빠만 믿어

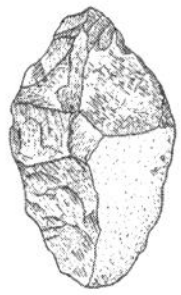

일찍이 다윈은 인류의 조상이 발견된다면 그곳은 아프리카일 것이라고 예견했다. 아프리카 특히 동아프리카의 리프트밸리 일원에서는 다양한 고인류 유적과 화석이 발견되어 인류의 요람이라 불리고 있으니 다윈의 통찰력을 다시 한 번 되돌아보게 된다. 동아프리카의 여러 유적들 가운데 올두바이 협곡은 찍개와 같은 투박한 석기들이 주가 되며 올도완 공작으로 불리는 가장 오래된 구석기공작이 발견된 곳으로 유명하다. 뿐만 아니라 인류 진화의 역사를 보여주는 고인류 화석이 유난히 많이 발견되어 고인류 연구의 살아있는 실험실과 같은 현장이다. 지금은 황량한 계곡에 불과하지만 수백만 년 전 이곳은 푸른 호수가 있었고 울창한 나무들이 우거져 있었으며 인류의 먼 조상들은 이곳에서 수많은 다른 동물들과 함께 어우러져 살았다.

이곳 올두바이 협곡은 인류학자 리키 패밀리로도 유명한 곳이다. 1930년대부터 인류 진화를 연구하기 위해 이곳 올두바이에서 평생을 바친 리처드 리키, 메리 리키 부부와 그 가족들이 이곳에서 거둔 쾌거는 실로 놀랍다. 오스트랄로피테쿠스 보이세이와 호모 하빌리스, 호모 에렉투스 등 인류 진화 과정의 중요한 위치를 차지하는 고인류 화석들이 이들 리키 가족에 의해 발견되었으니 그야말로 리키 가족을 빼고는 인류 진화의 교과서를 쓸 수 없을 정도라 해도 틀린 말은 아니다.

다윈이 예견한 인류의 조상인 고인류 화석을 찾을 수 있다는 희망을 품고 1931년부터 올두바이에서 연구를 시작한 루이스 리키는 1959년 아내 메리 리키와 함께 180만 년 전의 고인류 '파란트로푸스 보이세이'의 화석을 발견해 세상을 놀라게 했다. 파란프로푸스 보이세이는 강한 턱뼈와 유난히 큰 어금니로 견과류나 씨앗 등 딱딱한 먹이를 먹었을 것으로 추정된다. '호두 까는 사람'이란 별명으로 불린다. 1960년에는 큰아들인 조나단이 호모 하빌리스를 발견했다. 호모 하빌리스는 인류 최초로 석기를 사용한 것으로 보이는 고인류다. 리키 부부의 둘째 아들 리처드는 1972년 케냐의 투르카나 호수 인근에서 호모 하빌리스와 비슷한 시기에 살았던 고인류 호모 루돌펜시스를 발견했다.

1976년 리키 가족은 또 하나의 놀라운 발견을 했다. 메리 리키가 이끄는 연구팀이 올두바이 계곡에서 남쪽으로 45km 떨어진 라에톨리 지역에서 오스트랄로피테쿠스 아파렌시스의 발자국 화석을 발견한 것이다. 오스트랄로피테쿠스 아파렌시스는 그 유명한 루씨와 같은 종의 고인류로 인류 진화의 초기단계에서 최초로 본격적인 두 발 걷기를 시작한 것으로 알려져 있다. 인류가 언제부터 두 발로 걷기 시작했는지는 루씨와 같은 고인류들이 남겨놓은 화석을 통해 추정할 수밖에 없는 상황에서 이들이 걸었던 발자국 화석을 발견했으니 그야말로 놀라운 발견이 아닐 수 없다.

라에톨리의 발자국 화석은 360만 년 전에 우리의 먼 조상이 이미 오늘날의 우리처럼 직립보행을 하였다는 것을 분명하게 보여준다. 라에톨리의 발자국 화석은 화산이 폭발해 화산재가 쌓이고 비가 내려 마치 진흙밭처럼 질척질척해진 이곳을 지나가던 고인류와 동물들의 발자국이 찍히면서 만들어졌다. 화산재에 들어있는 카르보나타이트라는 물질은 시멘트와 비슷한 성질이 있다고 한다. 그래서 비가 내려 질척질척한 화산재 위에 찍힌 발자국들은 비가 그치고 해가 뜨자 마르면서 시멘트처럼 굳었고 그 위에 다시 화산재가 덮이고 딱딱하게 굳은 발자국들은 그대로 땅속에 묻혀 있다가 360만 년 후 마침내 억세게 운이 좋은 리키 가족의 일원인 메리 리키의 눈에 띄게 된 것이다.

여러 가지 행운이 겹치고 겹쳐서 발견된 이 발자국 화석에 남은 발자국에는 발뒤꿈치를 먼저 땅에 딛고 깊게 누른 다음, 발바닥을 뒤에서부터 차례로 대었다가 마지막으로 엄지발가락을 힘차게 누르면서 균형을 잡으며 일직선으로 걸어간 인간만이 할 수 있는 인간 특유의 두 발로 걷는 보행방식이 잘 남아 있다. 다른 발가락과 나란히 붙어 있는 엄지발가락의 모양 역시 벌어져 있는 침팬지와는 완전히 차이가 있어 화산재 위를 걸어간 고인류가 아주 능숙하게 두 발 보행을 한 게 분명했음을 보여준다.

최근에 이 라에톨리의 발자국 화석에 남겨진 직립보행의 방식을 과학적으로 분석한 재밌는 실험이 있었다. 8명의 실험 지원자들에게 똑바로 걷게 하는 것 외에 무릎과 엉덩이를 구부린 모습으로 걷게 한 다음 생긴 발자국을 라에톨리 발자국과 모양과 깊이를 비교했다. 걸음을 걸을 때 압력의 중심이 어떻게 이동하는가를 비교분석하자 라에톨리 발자국은 현대인들의 직립 보행 발자국과 매우 유사했다. 360만 년 전의 고인류도 오늘의 우리처럼 뒤꿈치와 앞발에 적절하게 몸무게가 분산되는 똑바로 선 자세로 걸었다는 것을 알 수 있는 대목이다.

라에톨리의 발자국에는 또 하나의 중요한 점이 있으니 그것은 이 발자국 화석에는 고인류의 행위 자체를 추정해 볼 수 있는 정황들이 화석화되어 남아 있다는 것이다. 우선 발자국들이 서로 바짝 붙어 있어서 마치 서로 의지하는 듯이 기대어 걸었던 것으로 보인다는 점이 주목된다. 사실 라에톨리 발자국은 그 주인공의 나이와 성별을 알 수 없다. 발자국의 크기와 보폭 등을 통해 두 개는 키 155cm 정도의 남자이고, 다른 작은 하나는 키가 작은 120cm 정도의 여자라고 추정할 뿐이다. 사실 명확한 근거는 없다. 루씨의 남편 혹은 남자친구라는 별명을 갖고 있는 루씨앙의 예처럼 단지 덩치가 크면 남자일 것이라는 해석일 뿐이다.

화산폭발을 피해 부지런히 길을 걷고 있는 것으로 보이는 이 고인류가족을 묘사한 복원도가 많이 그려졌다. 대표적인 것이 남자는 어깨를 쭉 펴고 마치 "오빠만 믿어"라는 자세로 여자의 어깨에 손을 두르고 여자는 불안한 눈빛과 "오빠만 믿어요"라는 애틋한 표정으로 여기저기 둘러보는 장면으로 묘사된 그림이다. 마치 수백만 년 전부터 남자는 당연히 여자를 보호하는 당당한 존재, 여자는 당연히 남자에게 보호받았던 미약한 존재로 묘사하여 수많은 여성들로부터 많은 지탄을 받는 괴기하기 짝이 없는 복원도다. 물론 3명의 고인류가 서로의 역할을 다하면서 꿋꿋하게 화산재를 피해 걸어가는 모습으로 복원된 그림도 많다.

발자국의 모양과 깊이, 방향 등을 통해 화산이 폭발할 때 본능적으로 발걸음을 멈추고 왼쪽으로 고개를 돌려 어떤 위협이나 예기치 못한 사건을 쳐다본 다음 다시 북쪽으로 가던 길을 부지런히 계속 걸어갔다는 것을 알 수 있다는 설명도 흥미롭다. 오늘날 우리도 이들과 같은 행동패턴을 가지고 있지 않은가? 작은 개체의 발자국은 선명하게 찍혀 있는 반면 다른 개체의 발자국은 마치 발을 질질 끌고 걸어간 것처럼 흐릿한 것으로 보아 화산재의 독성에 발바닥은 상처를 입은

게 아닐까 추측하기도 한다.

30cm나 되는 커다란 발자국이 남게 된 것은 어린아이가 어른을 따라 가면서 앞서 가는 어른의 발자국에 자기 발을 맞춰 집어넣으며 걸어갔기 때문이라는 주장은 감동을 준다. 아빠가 질척질척한 화산재위를 앞서 걸어가면서 뒤따르는 아이가 걷기 좋게 꾹꾹 밟아가며 아이가 잘 따라오는지 연신 뒤를 돌아보면서 걷는 모습도 떠오르고, 아빠가 남겨놓은 발자국을 조심스럽게 따라 밟으면서 연신 아빠를 쳐다보며 뒤따르는 어린아이의 모습도 그려지기 때문이다.

사람을 정의하는 가장 중요한 특징 3가지를 꼽으라면 그것은 두 발 걷기, 도구를 만드는 능력, 그리고 커다란 뇌다. 이중에서 어느 것이 가장 먼저 나타났을까? 뇌가 커지는 게 먼저였다는 게 20세기 초까지의 일반적인 생각이었다. 뇌가 커지면서 도구를 만들 수 있도록 손과 발을 자유롭게 할 필요를 느끼게 되었을 것이라고 생각했다. 하지만 지금은 그렇게 생각하지 않는다. 루씨를 비롯한 다양한 고인류 화석과 특히 라에톨리 발자국 화석의 증거로 미루어 볼 때 도구의 사용보다는 직립보행이 먼저 나타났을 가능성이 더 커 보인다. 이처럼 인류의 진화에서 두 발 걷기가 차지하는 역할은 아무리 강조해도 지나치지 않다. 두 발 걷기 덕분에 자유로워진 손으로 도구를 만들게 되면서 인류에게 무한한 가능성의 창이 열리게 되었다.

유럽인의 기원과 관련된 유적으로 유명한 스페인의 아타푸에르카 유적 방문자 센터를 찾았을 때 라에톨리의 발자국이 암스트롱이 달에 남겨놓은 발자국과 만나는 조형물을 보면서 감탄한 적이 있다. 인류 최초의 발자국과 달에 남겨진 인류 최초의 발자국의 만남이라니 비록 둘 사이에는 맨발바닥과 두터운 달 탐사용 신발 밑창이라는 커다란 차이가 있었지만 인류가 남겨놓은 위대한 발자국이라는 공통점으로 서로 연결되어 있었다.

누가 네안데르탈인을 죽였는가?

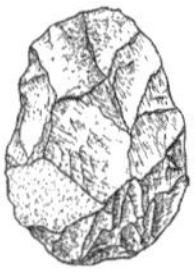

이 장의 제목은 마치 올여름에 히트 친 공포영화의 제목 같지만 몇 년 전 프랑스의 고인류학자들이 주최했던 학회의 주제라고 한다. 지금은 멸종된 네안데르탈인에 대한 여러 가지 함축적인 의미를 담고 있는 타이틀이다. 네안데르탈인은 불과 얼마 전까지 우리와 같이 살았던 고인류이지만 지금은 우리 곁에 없는 미스터리한 존재다. 학회의 제목처럼 우리가 경쟁 상대였던 네안데르탈인을 마치 다른 대형동물들을 멸종시킨 것처럼 마구잡이로 살해한 것일까? 네안데르탈인이 지구상에서 멸종한 원인에 대한 궁금증은 한두 가지가 아니다. 네안데르탈인이 처음 발견된 지역이 유럽인 탓도 있지만 비교적 최근에 멸종된 종이라 남겨놓은 유적도 많고 화석이 발견되는 경우도 적지 않아 최근 들어서는 자고 나면 새로운 연구결과가 나올 정도로 네안데르탈인에 대한 관심은 고인류학계의 가장 핫 이슈중의 하나다.

잘 알려진 바와 같이 네안데르탈인은 1856년 독일 네안더계곡 동굴에서 광산인부들에 의해 처음 발견되었다. 발견 당시에는 곰의 뼈라고 생각되었는데, 사람의 뼈로 알려지면서 병에 걸려 인상을 찌푸리다 죽은 몽골병사라는 황당한 주장까지 나올 정도로 인류의 계보에 등장하는 고인류로는 인정받지 못하였으나 1857년 해부학자 샤프하우젠에 의해 이 뼈들이 원시인류라는 연구결과가 발표되면서 비로소 고인류로 인정받게 되었다. 1863년 윌리엄 킹이라는 해부학자에 의해 '네안데르탈인'이라는 이름이 붙여졌다. 우여곡절 끝에 아주 오래된 고인류라는 점이 인정되면서 네안데르탈인은 현생인류의 아프리카 기원설이 등장하기 전까지는 우리의 직계 조상이라고 여겨져 왔다.

1990년대 들어서 인류학에는 새로운 연구경향이 과학기술의 발전에 힘입어 등장하게 되는데 인간의 유전자분석을 통한 연구가 바로 그것이다. 현생인류와 네안데르탈인의 게놈정보가 쌓여가면서 머리뼈나 골격 화석을 통한 고인류연구의 결과를 유전자분석으로 비교하는 것이 가능해졌다. 독일 막스플랑크 진화인류학연구소의 유전인류학자 스반테 파보는 1997년 네안데르탈인 화석에서 미토콘드리아 DNA를 추출해 분석한 결과 네안데르탈인과 현생인류는 공통점이 없는 전혀 별개의 종이라는 사실을 밝혀냈다. 이 연구 결과에 의하면 네안데르탈인과 현생인류는 50만~60만 년 전에 공통의 조상으로부터 갈라져 나온 사촌지간에 불과했다. 현생인류와 네안데르탈인은 피가 섞이지 않았다는 DNA 분석 결과가 나오면서 현생인류에 의한 네안데르탈인의 몰살 가능성이 힘을 받았다. 런던 자연사박물관의 고인류학자 크리스 스트링거는 아프리카에서 탄생한 현생인류가 유럽에 진출한 지 얼마 안 돼 이곳에 터를 잡고 살고 있던 네안데르탈인이 지구에서 사라져 버린 것을 볼 때 현생인류가 네안데르탈인을 마치 '인종 청소'하듯 대량으로 살육했을 가능성이 높다고 주장하였다. 우리와 완전히 다른 종이었던 네안데르탈인을 설사 사냥하듯 처치하였다는 주장을 하더라도 우리와는 유전적으로 상관 없는 미개한 존재였다고 여겼기 때문에 양심의 가책을 덜 받았을지도 모르겠다.

어떤 학자들은 컴퓨터 시뮬레이션 기법 같은 것을 동원해서 네안데르탈인이 급속히 멸종되어 가는 과정을 보여주는 연구결과를 발표하기도 했다. 어찌됐든 네안데르탈인은 현생인류의 손에 의해 멸종되었다는 설이 유력했는데 우리 조상들이 직접 죽인 것으로 하기에는 꺼림칙했는지 유럽인들이 아메리카에 진출했을 때 천연두에 면역력이 없었던 아메리카 원주민들이 몰살당했듯이 현생인류가 네안데르탈인에게는 면역성이 없는 질병을 본의 아니게 퍼뜨려 결국 네안데르탈인이 멸종되었을 가능성도 있다는 식의 연구들도 줄을 이었다. 그래도 여전히 네안데르탈인의 멸종은 많은 수수께끼를 품고 있는 대사건이었다.

사실 네안데르탈인의 존재가 처음 알려질 때만 해도 네안데르탈인은 마치 야수와 같은 '어리석은 야만인'으로 치부되어 왔다. 독일 뒤셀도르프 인근의 네안데르탈 박물관에 가면 아디다스 티셔츠를 입었음에도 커다란 바위덩어리를 낑낑거리며 들고 있는 풀죽은 독일 사람의 모형이 있다. 그 옆에서 가죽옷을 입은 건장한 네안데르탈인이 머리 위로 번쩍 바윗돌을 들어 올리고 의기양양해 하고 있는 광경을 볼 수 있다. 이처럼 육체적인 능력면에서 현생인류보다 훨씬 더 뛰어났던 네안데르탈인들이 현생인류에게 속수무책으로 당한 것은 지능면에서 상대가 되지 않았기 때문이라고 보는 견해가 우세했다. 또한 네안데르탈인은 현생인류에 비해 언어구사 능력이 현저히 뒤떨어져 우리처럼 문화가 발전하지 못하고 기술발달도 정체돼 있었으며, 서로 간의 교류도 원활하지 못했던 것으로 추정되었다. 이런 정황증거들은 모두가 낮은 지능 때문에 네안데르탈인이 멸종했다는 가설을 뒷받침하였다.

하지만 최근 들어 많은 네안데르탈인 유적이 발굴되면서 이들도 현생인류 못지않은 문화를 갖고 있었음이 속속 밝혀지고 있다. 네안데르탈인의 뇌 용적은 약 1,450cc로 놀랍게도 현생 인류보다 100cc나 크다. 이들은 현생인류 못지않은 석기제작기술로 날카로운 돌칼과 창을 만들어 집단적으로 사냥도 했다. 조직적인 사냥을 하였던 이들은 서로 간의 원활한 의사소통도 가능했고 협업을 위한 계획을 짤 줄도 알았을 것이다. 어두컴컴한 동굴에서만 살았던 게 아니라 집을 만들어 살기도 했고, 병들고 약한 사람을 돌보는 사회적인 공동체를 유지하고 있었다. 죽은 가족과 동료를 정성껏 묻어주고 꽃으로 시신을 장식했으며, 곰 뼈로 만든 피리도 만들어 연주했다. 최근에는 네안데르탈인이 만든 것으로 추정되는 나무도구와 동굴벽화까지 발견되었다. 이런 정황을 고려해 볼 때 네안데르탈인은 지능이 낮아서 현생인류와의 경쟁에서 뒤처진, 뒤처진 것이 당연한 덜떨어진 집단으로 치부해 버리는 것은 문제가 많아 보인다. 그렇지만 네안데르탈인은 현재는 멸종되고 없어졌다. 수만 년 현생인류와 어깨를 나란히 하며 인류의 구석기시대를 함께했던 네안데르탈인의 갑작스런 멸종은 현생인류가 경험한 잊지 못할 대사건인 동시에 제대로 알려지지 않은 가장 큰 치부일지도 모른다.

지난 2010년 아시아인과 유럽인의 유전자에 네안데르탈인의 유전자가 2% 정도 섞여있다는 새로운 사실이 스반테 파보의 연구팀에 의해 발표되면서 네안데르탈인의 멸종을 둘러싼 고인류학계의 논쟁은 점점 더 흥미진진해졌다. 그리고 여전히 정말로 네안데르탈인을 우리 현생인류가 죽였는지는 미궁에 빠져있다. 우리 현생인류가 네안데르탈인의 살해범인지 아닌지에 대해서는 아직도 견해가 분분하다. 각자의 의견을 충족시키는 연구결과들도 속속 이어지고 있다. 5만~7만 5천 년 전에 살았던 '샤니다르 3'으로 명명된 40~50세의 네안데르탈인 남성 유골의 왼쪽 9번 갈비뼈에 깊게 찔린 자국이 있다. 이것이 당시 현생인류만이 가지고 있었다고 여겨지는 투창기 즉 던져진

창에 의해 생긴 상처라는 분석 연구결과는 네안데르탈인과 현생인류 사이에 살인을 동반한 경쟁구도가 존재했었다는 주장에 힘을 실어 주고 있다.

현생인류와 네안데르탈인이 경쟁하는 관계였다면 틀림없이 먹을 거리를 두고 벌어진 경쟁구도였을 것이다. 빙하기가 닥치고 사냥감인 대형 포유류들이 점점 줄어들면서 현생인류와 네안데르탈인 사이에 먹잇감을 놓고 벌이는 경쟁은 점점 더 치열해졌을 것이다. 상대적으로 급격한 환경변화에 더 유연하게 적응했던 것으로 보이는 현생인류는 살아남았지만 네안데르탈인은 멸종됐다. 주로 육식에 의존하였던 것으로 여겨지던 네안데르탈인의 치석을 분석한 결과 네안데르탈인도 채식을 했었음을 보여주는 곡물녹말 흔적이 발견되었다고 한다. 좋아하던 고기들을 맘껏 먹기가 어려워진 환경 속에서 어떻게든 살아보려고 눈물겨운 노력을 했던 네안데르탈인의 간절한 적응노력이 엿보이는 대목이다.

오늘날 우리가 확실히 알고 있는 유일한 사실은 네안데르탈인이 약 3만 년 전에 홀연히 우리 곁에서 사라져 버렸다는 것이다. 과학기술의 발달과 고고학발굴의 증가로 네안데르탈인에 대한 새로운 연구결과가 나오면 나올수록 네안데르탈인의 멸종원인에 대한 미스터리는 점점 더 풀리지 않는 아이러니한 상황이 이어지고 있다. 우리 현생인류가 최근까지도 겪었던 나치의 유대인학살이나 일본군이 자행한 남경대학살 같은 비극적 사건들이 네안데르탈인을 멸종시켰던 우리 조상들의 유전자의 영향으로 당연히 자행되었던 사건이 아니었기를 바랄 뿐이다. 설사 그렇다 하더라도 이제 문화라는 세련된 생존기술을 익힌 우리들이 대량학살이라는 잘못을 반복하지 않으면 될 것이다. 그리고 다행히 네안데르탈인이 현생인류의 무차별 살육에 의해 멸종되지 않았다면 우리는 더욱더 정신을 바짝 차려야 할 것이다. 결국 네안데르탈인을 지구상에서 퇴장시킨 것은 변화하는 지구의 환경 때문이었을 것이기 때문이다. 과연 언제까지 약삭빠르게 환경의 변화에 적응하며 살아남을 수 있을까? 지구는 거대한 학살무대라고 주장하던 어느 인류학자의 경고를 떠올려 본다.

호빗의 나라

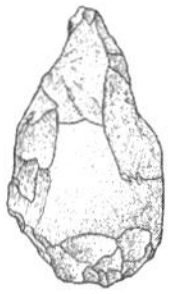

영화 반지의 제왕 시리즈의 주인공인 난쟁이 프로도는 호빗족이다. 《반지의 제왕》을 쓴 톨킨이 북유럽신화에서 영감을 얻어 창조해 낸 호빗은 키가 보통 사람의 절반 정도이며 손재주가 뛰어나고 노래와 잔치를 좋아하는 유쾌한 종족이다. 호빗이라는 말이 종종 키 작은 사람을 놀리는 데 쓰이기도 하지만 사실 호빗족은 침입자가 등장하면 신속하게 소리 없이 사라지는 마술 같은 능력을 지닌 비범한 종족이다. 가끔 호빗을 골룸과 착각하는 분들이 계시는데 이런 분들은 영화를 다시 감상해 보시기를 바란다.

이 영화 속 주인공 호빗이 실사판 고고학 발굴현장에서 깜짝 등장하는 드라마 같은 사건이 벌어졌다. 그것도 인류 진화의 신비한 비밀을 품고서 말이다. 때는 지난 2003년 장소는 인도네시아 플로레스 섬이다. 이 섬의 리앙 부아 지역 석회암 동굴에서 키가 약 90cm, 몸무게 30kg, 뇌용량이 412cc에 불과한 화석인골이 발견되었다. 그 연대는 약 1만 8천 년~9만 5천 년 사이로 추정되고 있다. 반지의 제왕에 등장하는 호빗을 연상시키는 이 작은 사이즈의 인골들은 그래서 호빗이라는 별명을 얻었다. 문제는 이 난쟁이 호빗과 같은 사람들이 지금의 우리와는 다른 새로운 인류라는 주장이었다. 플로레스 섬에서 발견된 새로운 인류라는 뜻으로 '호모 플로레시엔시스'라고 이름붙여진 이 유치원 아이만한 자그마한 체격의 주인공들이 우리와 같은 현생인류인지 아니면 우리와는 전혀 다른 새로운 종의 인류인지에 따라 인류 진화의 역사를 다시 써야 하니 실로 놀라운 주장이었다.

이 실사판 호빗을 놓고 학자들의 의견은 극명하게 갈렸다. 왜냐하면 이 화석인골의 머리 크기는 침팬지보다 작았지만 이들이 사용했던 정교한 석기가 함께 발견되었기 때문이다. 결코 양립할 수 없다고 믿어졌던 두 가지, 작은 뇌와 정교한 석기가 동시에 발견되었으니 이것을 어떻게 볼 것인가에 대해서는 당연히 갑론을박이 이어질 수밖에 없었다.

현생인류에도 전설의 난쟁이족이 있으니 19세기말 중앙아프리카 열대우림에서 발견된 '피그미족'이 바로 그 주인공이다. 피그미족은 성인의 평균 신장이 120~140cm밖에 되지 않지만, 사냥과 채집을 하며 사는 종족이다. 플로레스 섬에서 발견된 호빗족은 피그미족과 비교해도 너무 작은 체구이고 뇌의 크기는 피그미족 어린이보다 작았다. 피그미족의 경우도 뇌 용량이 1,000cc가 넘는데, 이들은 현생 인류의 어린이는 물론 피그미족의 어린이보다 더 작은 두뇌를 갖고 있는 별난 인류였다. 도저히 현생인류라고는 생각할 수가 없었기 때문에 처음 발견했을 때는 유인원의 한 종류로 여겨지기도 했으나 골격, 머리뼈, 치열 등의 신체적 특징을 자세히 관찰해본 결과 이 별나게 작은 사람들은 인류가 확실했다.

그야말로 미스터리 중의 미스터리, 인류 진화의 일반상식을 완전히 새로 쓰게 될지도 모를 비밀을 간직하고 우리들 앞에 나타난 이 자그만 별종들은 도대체 누구란 말인가? 이들이 우리와 같은 인류라면 해답은 두 가지 중 하나, 현생인류 중에 머리와 신체 사이즈가 매우 특별하게 작은 사람들이거나 아니면 믿기 어렵더라도 전혀 새로운 종의 인류이거나 둘 중에 한 가지는 확실한 해답이다.

첫 번째 용의선상에는 현생인류 중에 소두증에 걸린 사람이 올려졌다. 호빗족이 처음 발견됐을 당시 현장에서는 정교한 화살촉, 돌칼 같은 도구와 함께 불을 사용한 흔적도 발굴됐는데 이 말도 안 되게 작은 두개골과 함께 발견된 이 정교한 석기들은 작은 뇌를 가진 존재들 즉 현생인류가 아닌 존재들은 만들 수가 없는 것이기 때문에 호빗족의 이 석기들은 현생 인류에 의해 만들어진 것일 수밖에 없고, 이 석기를 만든 사람들은 우리와 같은 현생인류지만 앞이마의 발달이 나빠지는 유전자 질환인 소두증을 앓았기 때문에 작은 뇌를 가지게 되었다는 주장이 제법 논리적인 설득력을 갖고 받아들여졌다. 하지만 컴퓨터 단층촬영 영상으로 호빗들의 뇌를 재현 및 복원한 결과, 비록 크기는 작아도 전두엽이 고도로 발달된 뇌를 지니고 있었던 것으로 밝혀졌다. 호빗이 소두증 환자였다는 주장은 설득력을 잃었다. 호빗은 현생 인류와는 다른 방식으로 진화한 새로운 인류라는 주장이 힘을 얻게 됐다.

인류 진화의 일반 상식에서는 뇌의 용량이 지능과 비례한다는 것이 정설이다. 사람이 생존경쟁에서 살아남을 수 있었던 것은 다른 동물과 비교해 볼 때 상대적으로 매우 커다란 뇌 덕분이라고 것은 지극히 당연한 상식이다. 커다란 뇌야말로 인류의 기원 및 성공적인 확산에서 매우 중요한 역할을 한 것은 틀림없어 보인다. 하지만 호빗이라 불리는 호모 플로레시엔시스는 아주 작은 뇌를 가지고도 현생 인류와 함께 1만 2천 년 전까지 공존하고 있었다. 이들은 네안데르탈인처럼 현생인류와 함께 공존하다 멸종한 또 다른 인류일 가능성이 높다. 인류 진화의 원동력이 뇌 용적의 크기와 맞물려 있었던 점을 감안할 때 호빗 원인들의 존재는 미스터리 그 자체다. 어떻게 그처럼 작은 뇌를 지닌 채 현생 인류인 호모 사피엔스가 활동하던 시기까지 존재할 수 있었던 것일까? 여전히 미스터리로 남아 있는 숙제다.

그렇다면 호모 플로레시엔시스는 왜 그렇게 작은 몸집을 갖게 된 것일까? 발견 초기 호모 플로레시엔시스를 인정하지 않는 학자들에 의해서 갑상선 이상으로 체격이 왜소하게 되었다는 주장도 있었지만 호모 에렉투스의 자손인 원시 인류가 수천 년 동안 섬에 고립되어 살면서 격리 왜소화를 일으켜 난장이화된 것이라는 주장이 더 설득력이 있어 보인다. 최근의 연구에서는 호모 플로레시엔시스가 호모 에렉투스와는 관계가 없으며 그렇다고 해서 현생인류 호모 사피엔스와 관계가 있는 것도 아니라는 주장도 나오고 있다. 인류 진화의 여정이 생각하는 것보다 훨씬 더 복잡하고 다양했음을 보여주는 호모 플로레시엔시스에 대해서는 여전히 많은 궁금증들이 남아 있다.

'호빗'족의 고향 인도네시아 플로레스 섬은 '원더랜드'라고도 불린다. 어린 호빗쯤은 능히 잡아먹었을 거대한 대머리황새를 비롯해 난쟁이코끼리와 자이언트쥐, 세계 최대의 도마뱀인 코모도드래건, 거기에다 우리의 주인공 호빗까지 이상스러울 정도로 극단적인 크기의 동물들이 살았던 섬으로 밝혀지고 있기 때문이다. 왜 이런 놀라운 생태계가 만들어졌을까도 궁금하기 짝이 없다. 이 섬에는 포식성 포유동물이 거의 없었기 때문에 코끼리나 영장류 등 큰 포유동물들은 크기가 작아진 반면 설치류 같은 작은 포유동물과 새들은 커진 것으로 추측되고 있을 뿐이다. 플로레스 섬은 아주 오랜 기간 아시아 본토와 연결돼 있던 적이 없었고 주변의 섬들과도 고립된 곳이었다. 외부세계와 단절된 특수한 고립상태의 독특한 자연환경이 호빗과 여러 동물들의 특별한 진화에 결정적인 역할을 한 것으로 본다.

원더랜드의 호빗과 그 친구들이 왜 멸종되어 사라지게 되었는가도 미스터리 투성이다. 무슨 이유로 멸종했는지는 확실치 않지만 대

머리황새와 난쟁이코끼리, 호빗 등의 뼈가 모두 두터운 화산재 층 밑에서 발견됐다는 사실이 희미한 실마리를 제공해 준다. 1만 2천 년 전까지 플로레스섬에 살았던 실사판 호빗들은 갑작스런 화산 폭발로 멸종한 것으로 추정된다.

2010년 필리핀 북부 루손섬의 칼라오 동굴에서 발견된 약 5만~6만 7천 년 전에 살았던 것으로 추정되는 인류에 대한 연구결과가 2019년 4월에 발표되어 사람들을 또 한 번 놀라게 하였다. 루손섬에서 새롭게 발견된 치아와 손가락뼈, 다리뼈 등의 인류 화석은 우리와는 다른 새로운 고인류라는 것이다. 아직은 이 뼈들만 가지고는 신종인지 여부를 판단하기 어렵기에 정말로 새로운 종의 인류인지는 더 두고 봐야 한다는 신중론이 대세다. 특히 두개골이 발견되지 않은 점은 최대의 약점이다. 하지만 연구팀은 이 화석인류가 현생인류에 가까운 신체적 특징과 오스트랄로피테쿠스와 비슷한 특징을 동시에 지녔다고 주장하며 화석이 발견된 지역의 이름을 따서 '호모 루조넨시스'라는 이름까지 붙여주었다. 새로운 인류를 발견했다고 주장하고 있는 것이다. 이들이 정말로 새로운 고인류라면 아시아 지역에는 기존에 생각하던 것보다 더 다양한 인류가 공존했다는 것이고 인류의 가계도는 한층 더 복잡해질 것이다. 두개골이 발견되지 않아 정확한 크기를 알 수 없지만 호모 루조넨시스의 치아는 현생인류보다는 작다. 플로레스섬의 호빗족 호모 플로레시엔시스가 연상되는 대목이다. 이들이 플로레스섬의 호빗과는 어떤 관계가 있을까? 다시보기로 몇 번을 돌려봐도 싫증나지 않는 인류 진화의 흥미진진한 대하드라마는 계속 이어진다. 플로레스 섬에서 발견된 호빗, 호모 플로레시엔시스의 등장은 우리가 인류의 진화에 대해 많은 것을 알고 있지만 여전히 아주 많은 것을 모르고 있다는 것을 상기시켜 주고 있다.

왜 우리만 홀로 남게 되었을까?

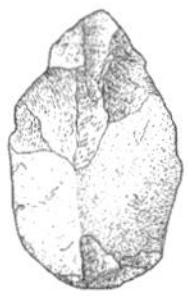

오늘날 지구에 사는 모든 사람들은 같은 종이다. 같은 종은 정상적으로 2세를 생산할 수 있고 생식적으로 격리된 동일집단을 말한다. 올림픽 선수단 입장식에 등장하는 세계 각국의 선수들은 비록 피부색도 다르고 체격도 다르고 생김새도 다르지만, 이들은 서로 만나 사랑을 하면 2세 생산이 가능한 호모 사피엔스 단일종이다. 피 끓는 청춘들이 함께 모여 있는 올림픽선수촌에서 막대한 양의 콘돔이 소비된다는 것이 공공연한 비밀이 된 지 오래다. 서로 사랑할 수 있는 사이, 그게 바로 현재 지구상의 유일한 단일종 인류인 우리 호모 사피엔스들이다.

지극히 당연한 것 같지만 사실 우리 호모 사피엔스가 단일종으로 지구 위에 사는 유일한 인류가 된 것은 불과(?) 얼마 전이다. 수백만 년 전 동아프리카 일대에는 적어도 5~6종의 고인류들이 모여 살았다. 오스트랄로피테쿠스 아파렌시스, 오스트랄로피테쿠스 아프리카누스, 파란트로푸스 보이세이 등등, 복잡해서 외우다가 이내 포기했더라도 한 번쯤은 들어본 기억이 있으실 것이다. 여러 종의 고인류 집단들 중에서 변화하는 환경에 가장 잘 적응한 집단이 살아남아 호모속이 되었다. 호모 하빌리스, 호모 에렉투스는 우리보다 앞서 지구상에 살았던 사람들이다. 그리고 지금은 홀로 남은 호모 속의 일원, 호모 사피엔스가 바로 나와 같은 사람, 우리들이다.

다윈의 진화론에서 적자생존의 개념은 오해하기 쉬운데 보다 강한 고인류 집단이 약한 집단을 밟고 일어서는 것이 적자생존을 통한 진화가 아니라 환경에 가장 잘 적응하여 살아남은 집단이 적자가 되어 인류 진화의 무대에 계속 서게 된다는 이론이다. 그래서 다윈은 '강한 자가 살아남은 것이 아니라 변화하는 자가 살아남는 것이다.'라고 말했다. 수백만 년 동안 여러 종의 인류가 나타났다 사라졌는데 그 가운데 발 빠르게 환경변화에 효과적으로 대처하여 살아남은 종의 후손들만이 살아남았다. 다행히도 우리 호모 사피엔스가 그 자리를 차지하였다.

사람이 만물의 영장이라고 굳게 믿고 있던 시대, 1856년 독일의 네안더 계곡에서 희한하게 생긴 두개골이 발견되었다. 눈두덩이가 튀어나오고 기골이 장대한, 우리와는 다르게 생긴 고인류의 출현은 여러 상상과 희망이 뒤섞여 야만적인 고인류 네안데르탈인으로 불렸다. 앞서 말했듯이 미개한 네안데르탈인들은 우리 호모 사피엔스가 등장하면서 서서히 그 힘을 잃어 멸종해갔고, 동굴벽화나 비너스상과 같은 후기구석기시대의 예술품들은 열등한 존재 네안데르탈인과는 완전히 차별화된 호모 사피엔스만이 가진 우아한 문화라는 것이 지금까지의 정설이었다. 그런데 얼마 전 스페인에서 발견된 동굴벽화가 약 6만 년 전의 네안데르탈인이 남겨 놓은 것이라는 연구결과가 발표되었다. 정교한 석기를 만들 줄 알았고 죽은 사람을 잘 매장해 주었던 네안데르탈인은 야만적이지도 않거니와 호모 사피엔스와 비교하여 지능이 현저히 떨어지지도 않아 보인다. 이번 연구결과에 따르면 네안데르탈인은 호모 사피엔스의 전유물로 여겨졌던 예술의 기원과도 관련이 있는 것 같다. 더구나 유전자 분석결과 약 2~6%의 네안데르탈인 유전자가 우리 호모 사피엔스에게 남아 있다고 하니 유일무이한 지구의 정복자, 고고한 호모 사피엔스 신화에 결정적 흠이 가는 대목이다. 지금은 멸종되고 사라진 네안데르탈인은 우리들 호모 사피엔스와 함께 지구가족의 일원으로서 오랜 기간 함께 살았었다. 이들이 왜 멸종되고 왜 우리만 홀로 남게 되었는가는 인류 진화의 비밀을 푸는 가장 중요한 수수께끼 중의 하나이다.

화석자료에 의존하던 인류 진화의 연구는 유전자분석이라는 과학적 연구방법의 적용을 통해 새로운 사실들이 속속 밝혀지면서 새로운 국면을 맞고 있다. 우리 호모 사피엔스와 동시대를 살았던 고인류는 네안데르탈인뿐만이 아니라 '데니소바인'이라는 제3의 인류도 있었다는 충격적인 사실을 알게 된 것도 비교적 최근의 일이다.

데니소바인은 약 3, 4만 년 전까지 시베리아와 우랄 알타이 산맥, 동남아시아 지역에서 생존했다고 추정되는 고인류이다. 2008년 7월에 시베리아의 알타이 산맥에 위치한 데니소바 동굴에서 손가락뼈와 어금니 화석이 발견되면서부터 그 존재가 알려졌다. 데니소바인의 화석에 남겨진 유전자를 분석하는 데 성공하면서 데니소바인과 우리 현생인류, 네안데르탈인이 꽤 오랜 기간을 함께 살았음을 알게 되었다. 이들이 오순도순 사이좋게 살았는지까지는 알 수 없지만 데니소바인이 남겨놓은 유전자가 아직도 우리에게 남아 있다고 하니 원수지간은 아니었던 것 같다. 현재 멜라네시아인들과 오스트레일리아 원주민인 애보리진들의 DNA 중 6% 정도가 데니소바인들로부터 유래한 것이라고 한다. 현생 인류에 남겨진 데니소바인의 DNA는 이들이 현생 인류와 이종교배가 가능할 만큼 가까운 친척이었다는 사실을 보여준다.

최근 들어 '데니소바 11'이라고 명명된 13세 정도에 사망한 소녀의 화석을 분석한 결과 이 소녀가 데니소바인 아빠와 네안데르탈인 엄마 사이에서 태어났다는 사실을 확인했다는 연구결과도 있고 보니 우리 현생인류와 네안데르탈인 그리고 데니소바인의 관계는 꽤 복잡해졌다. 최근에 이 데니소바 11은 잘생긴 소녀의 모습으로 복원되었다. 이들 사이에 어떤 일이 벌어졌는지는 아직도 논쟁의 대상이지만,

한때 우리 조상들과 함께 살았던 네안데르탈인과 데니소바인이 지금은 사라지고 그 자리에 우리 현생인류들만이 남게 되었다는 것은 확실한 사실이다.

최근에 티베트 고원의 고도 3,280m에 위치한 바이시야 동굴에서 발견된 16만 년 전 고인류의 턱뼈가 데니소바인의 것으로 밝혀졌다는 흥미로운 연구결과가 발표되었다. 새로 확인된 데니소바인의 화석은 지금까지 발견된 고인류 화석 중 가장 높은 지점에서 발견된 것이라고 한다. 해발 3,000m가 넘는 지역은 고산병이 발생하기 시작하는 곳으로 현생인류의 확산과정에서도 쉽게 적응하기 어려운 곳이었을 것이다. 그럼에도 이런 고지대에서 데니소바인의 화석이 발견된 것을 보면 데니소바인들은 고지대의 저산소환경에도 잘 적응했던 것으로 보인다. 이곳에서 발견된 데니소바인의 아래턱뼈를 컴퓨터 시뮬레이션으로 복원하고 단백질 구조를 분석한 결과 이 화석에서 셰르파족처럼 히말라야 고산지역에 거주하는 현대인들의 게놈에서 발견되는 EPAS1 유전자가 확인되었다고 한다. 이 EPAS1 유전자는 저산소환경에서도 호흡을 유지하고 적응할 수 있게 돕는 유전자라고 한다. 이 유전자가 데니소바인의 화석에서 발견되었다는 것은 이들이 고산지대에 잘 적응했음을 보여준다. 오늘날 고산지대에 살면서 에베레스트와 안나푸르나를 밥 먹듯이 오르내리는 셰르파들이 데니소바인의 유전자를 물려받았다는 해석이 가능하니 흥미롭다.

이 화석을 조사한 연구팀은 알타이지방에 거점을 두고 있던 데니소바인들이 동남아와 멜라네시아로 진출하기 위해 시베리아 지역에서 남하하는 과정에서 티베트 고원지역에 터를 잡고 살게 되었으며 이 지역으로 뒤늦게 진출한 현생인류, 호모 사피엔스와의 이종교배를 통해 고산지역의 저산소 환경에 적응할 수 있는 유전자를 남겼다고 봐야 할 것이라고 설명하고 있다. 보통사람들은 3,000m 이상의 고산지대에 가면 십중팔구 맥을 못 추게 되는데 이런 사람들은 안타깝게도 데니소바인의 유전자를 물려받지 못했기 때문이라니 데니소바인의 유전자 연구 결과는 놀랍다. 네안데르탈인, 데니소바인 뿐만 아니라 인도네시아의 플로레스섬과 필리핀의 루존섬에서 발견된 고인류들도 '왜 우리만 홀로 남게 되었을까?'라는 미스터리 드라마에 등장하는 배우들이다. '한때는 우리와 함께 살았던 이들이 지금은 왜 멸종되고 없어졌을까?'하는 이 궁금증은 미래의 우리들이 어떤 모습일까를 생각해 보는데 많은 시사점을 던져주고 있다.

이런 상상은 재밌다. 네안데르탈인이 지금도 살아남아 있다면 아마도 올림픽에서 힘쓰는 경기의 금메달은 이 사람들이 다 따지 않았을까? 네안데르탈인의 근력은 호모 사피엔스보다 훨씬 강했기 때문이다. 마라톤과 육상 장거리 종목은 폐활량이 뛰어났을 데니소바인들의 독무대가 아니었을까? 그래도 컬링은 호모 사피엔스들의 자존심을 건 종목이 되지 않았을까? 전 지구의 호모 사피엔스들이 네안데르탈팀과 맞붙은 결승에서 우리 팀을 응원하며 "영미~ 영미~"를 목터지게 외쳤을지도 모르겠다.

지구의 정복자라는 오만과 독선 그리고 자만심을 가진 오늘날 우리 호모 사피엔스에게 네안데르탈인과 데니소바인에 대한 새로운 연구결과들이 시사하는 바는 매우 크다. 앞으로 오랜 세월이 흘러 우리 유전자의 2~6%를 공유하는 새로운 인류가 지금의 우리와는 다른 겸손한 자세로 자연과 공존하며 평화로운 지구촌을 만들어 오손도손 살아갈지도 모르기 때문이다. 그때 그들에게 오늘의 우리들, 호모 사피엔스는 어떤 모습으로 남아 있을까? 서로를 증오하고 환경을 파괴해 지구별을 멸망 직전까지 몰고 간 흉악한 고인류로 기억되지 않기를 바랄뿐이다.

화산재에 묻힌 진실

우리나라 사람들에게 가장 대표적인 자연재해는 아마도 태풍이 아닐까 싶다. 매년 여름 한반도에는 어김없이 태풍이 지나간다. 1959년에 막대한 피해를 줬던 사라호 태풍은 아직도 언론에 심심찮게 등장하는 악명 높은 태풍의 대명사이다. 2016년 규모 5.8의 경주 지진 이후로는 지진도 실제로 피해를 줄 수 있는 자연재해라는 인식을 하게 됐다. 가뭄, 집중호우 등 여러 가지 자연재해들도 우리에게 익숙하다. 최근 들어 백두산의 화산폭발을 경고하는 목소리도 가끔 들리지만 그래도 아직 화산폭발은 해외토픽에서나 볼 수 있는, 우리에게는 실감 나게 다가오지는 않는 자연재해다. 하지만 자연재해 중에 가장 무서운 것은 화산폭발이다. 가장 무섭다는 수식어도 어울리지 않는 파괴적인 재앙이 바로 화산폭발이다. 약 2억 5천만 년 전 지구의 생명체 95% 이상이 절멸한 페름기 대멸종의 원인을 설명하는 유력한 가설 중의 하나가 시베리아 트랩에서 계속된 대규모의 화산폭발이다. 시베리아 트랩은 시베리아 전역에 걸쳐 펼쳐져 있는 거대한 현무암 대지를 말하는데 그 면적이 무려 호주 면적의 절반을 넘게 차지한다. 이곳에서 100만 년이 넘는 오랜 기간 동안 화산폭발이 이어졌고 이로 인해 용암의 바다라고 부를 정도로 엄청난 양의 용암이 흘러내렸으며, 독한 가스와 함께 솟아오른 화산재가 지구의 대기를 차단해 결국 당시 살고 있던 생명체의 대부분이 멸종했다는 것이다. 화산폭발과 거기에 뿜어져 나오는 화산재에 의한 피해는 그야말로 비교 불가능한 자연재해 아니 대재앙이 아닐 수 없다.

페름기 대멸종의 시련이 닥쳤던 시기는 아직 인류가 등장하기 훨씬 전이라서 화산폭발과 인류의 멸종을 대비시키는 것은 여전히 실감이 나지는 않는다. 하지만 한창 인류가 전 지구를 터전으로 삼아 삶의 지평을 넓혀가는 시기였던 겨우(?) 7만 4천 년 전에 인도네시아의 수마트라 북부 토바 화산의 초대형폭발은 그야말로 인류의 멸종을 가져올 수도 있었던 아슬아슬한 사건이었다. 화산폭발로 페름기 대멸종의 주범이었던 화산재가 이때도 꾸역꾸역 한없이 솟아올라 태양 빛을 차단하는 두터운 화산재 커튼을 쳐버렸기 때문에 무려 6년 동안 지구는 겨울이었다고 한다. 여름에도 겨울 같고, 낮에도 밤처럼 어두컴컴하고, 식물도 동물도 살 수 없게 되었고 결국 사람도 생명을 유지하기가 어려워졌다. 참으로 두려웠던 화산폭발이 아닐 수 없다.

당시 이곳에 터를 잡고 살던 구석기 사람들은 토바 화산의 폭발로 인해 엄청난 굉음과 함께 솟구쳐 나온 화산재에 크게 당황하였을 것이다. 갑자기 하늘에서 희뿌연 재가 끊임없이 떨어지고 그치지 않는 비처럼 쏟아져 내리는 화산재는 계속 쌓여 몇 미터가 넘게 쌓였고 어디로 도망갈 곳도 없었던 구석기인들은 화산재에 묻혀서 죽음을 맞게 되었다. 폼페이의 비극을 떠올려 보시기 바란다. 설사 용케 살아남은 몇몇 사람들도 6년이나 겨울이 계속될 정도로 심각한 이상 기후 속에서 생사의 기로에 서게 되어 결국 인류 멸종 위기라는 인류 진화 이래 초유의 비참한 사태에 직면하게 되었다.

문제의 토바 화산 화산재는 인도 전역에서도 몇 미터씩 쌓여있으며 멀리 남아프리카의 해안가에서도 발견되었다. 인도네시아 수마트라에서 무려 9,000km 이상 떨어진 곳이다. 전 지구에 걸친 토바 화산폭발의 영향력을 짐작해 볼 수 있다. 토바 화산에서 수천 킬로미터 떨어진 곳에 살던 사람 구석기 사람들은 영문도 모른 채 여름이 겨울이 되는 기이한 현상에 두려워했을 것이다. 성층권까지 올라간 엄청난 양의 화산재가 편서풍을 타고 전 지구로 퍼져 나가 태양 빛을 차단하여 수년 동안 지구는 평균기온이 15도 이상 떨어지는 극심한 이상기후를 맞이하게 되었다. 이 토바 화산의 폭발 이후 인류의 개체 수가 수천 명밖에 남지 않았었다고 하는 주장도 있고 보니 토바 화산의 폭발은 그야말로 인류가 멸종 직전까지 가게 된 절체절명의 순간이었다. 이에 비하면 폼페이의 비극을 가져온 베수비오 화산폭발은 차라리 애교수준에 가깝다고 할 수 있을 것이다. 최근에는 토바화산 폭발의 대재앙이 동아프리카에 살던 인류의 멸종 위기까지 초래한 것은 아니라는 연구결과도 나오고 있지만 토바화산 폭발이 그 당시 인류에게 커다란 시련이었던 것은 분명해 보인다.

몇 년 전 구석기 조사차 답사했던 말레이시아의 여러 구석기 유적들에서는 수 미터 높이로 쌓인 토바 화산재를 어디서나 쉽게 만날 수 있었다. 이 지역의 구석기 유적 연대를 측정하는 것은 매우 간단하다. 발굴해서 석기가 출토되는 지점이 토바 화산재 밑이면 7만 4천 년 이전, 토바 화산재 위면 7만 4천 년 이후로 판정한다. 이렇듯 이 일대의 구석기유적은 토바화산의 폭발 전후로 극명하게 구분할 수 있다.

이런 연대측정이 가능한 것은 화산재에는 고유한 특성이 있기 때문이다. 우선 화산 기원물질의 경우에는 과학적인 연대측정법의 적용이 가능해서 화산재의 나이를 비교적 정확하게 알 수 있다. 그리고 일종의 유리 물질인 화산재는 폭발한 지점의 화학성분 및 폭발 당시의 상황 등 여러 가지 요인에 의해 화산마다 각각 모양이 다르다. 빛을 산란하는 굴절률의 차이 등이 대표적인 특징이다. 물론 맨눈으로 구분할 수 있는 것은 아니고 현미경으로 자세히 관찰하여야 구별할 수 있다. 이런 화산재의 특성 때문에 지금까지 폭발한 화산에서 나온 화산재는 어디 출신인지를 명확하게 알 수 있다. 나이를 알고 출신지를 알 수 있다니? 고고학에서 화산재야말로 유물의 연대와 기원을 알아낼 수 있는 매우 매력적이고 중요한 자료이다. 오스트랄로피테쿠스의 발자국 화석이 발견된 라에톨리도 비에 젖은 축축한 화산재를 밟고 지나갔기 때문에 360만 년 전의 발자국이라는 것이 밝혀지게 되었다.

화산재 중에는 광역 화산재라는 것이 있다. 말 그대로 넓게 멀리 퍼져나간 화산재라는 것인데 아무래도 폭발력이 커서 성층권까지 높이 화산재를 보낼 수 있는 대규모의 화산폭발에서 유래한 물질이다. 화산재가 성층권까지 올라간 후 제트기류를 타고 멀리 퍼지게 되는 것이다. 잘 아시다시피 일본에는 200개가 넘는 화산이 있다. 지금도 활동하는 활화산들이 40개가 넘는 곳이 일본이다. 따라서 화산에 대한 연구가 활발하게 진행되는 곳도 일본이며 화산재에 대한 정보도 잘 정리가 되어 있다. 일본의 대표적인 광역 화산재 중에 AT라는 것이 있는데 약 2만 4천 년 전에 큐슈에서 폭발한 화산에서 기원한 화산재이다. 이 AT가 우리나라의 구석기유적에서 많이 발견된다. 기원을 알고 나이를 아는 물질이 고고학 유적에서 떡 하니 발견되면 발굴한 연대를 알아내기 위한 커다란 숙제를 짊어지고 고민하는 고고학자들에게는 정말 반가운 소식이다. 구석기유물과 함께 AT가 발견되면 2만 4천 년 전의 유물이라는 것을 단번에 알아낼 수 있기 때문이다.

앞에서 설명했던 일본의 구석기 날조사건이 가능했던 것도 바로 화산재 때문이다. 후지무라는 정교하게 복제된 가짜석기들을 70만 년 된 화산재 사이에다 묻어 놓았던 것이다. 석기와 함께 발견된 화산재의 연대가 70만 년이니 이 석기는 70만 년 된, 그동안 일본에서는 물론 한국에서도 발견된 적이 없는 가장 오래된 구석기 유적이라고 뻥을 칠 수 있었던 것이다. 그래도 일본의 양심적인 구석기학자들이 후지무라가 관여된 유적을 몇 년에 걸쳐 꼼꼼히 재조사하고 새롭게 기록한 점은 높이 평가할 만하다.

2008년 9월 늦은 밤 도착한 조지아(당시는 그루지야)의 수도 트빌리시, 러시아와 짧지만 격렬한 전쟁을 막 끝낸 트빌리시는 겉으로는 평온해 보였지만 군데군데 남아 있는 폭격의 흔적들은 전쟁의 상흔을 고스란히 보여주고 있었다. 전쟁이 끝난 지 얼마 안 된 트빌리시까지 날아간 이유는 그 유명한 드마니시인을 만나기 위해서였다. 드마니시인은 조지아의 드마니시에서 발견된 고인류 화석으로 아프리카 바깥에서 발견된 가장 오래된 고인류로 알려져있다. 소위 말하는 첫 번째 아웃 오브 아프리카Out of Africa 때 아프리카를 벗어난 고인류로 여겨진다. 드마니시인은 학자에 따라 호모 에렉투스, 호모 에르가스터로 불리기도 했는데 요즘은 호모 지오지쿠스로 분류되기도 한다. 인류의 계보와 아웃 오브 아프리카에 대한 설명이 간단치 않음을 보여주는 방증이다.

당시 조지아 국립박물관장 로드 키파니드제Lord kipanidze의 손에서 건네받은 드마시니인의 두개골은 180만 년 전의 고인류라고는 믿어지지 않을 만큼 보존 상태가 좋았다. 어떻게 이렇게 보존 상태가 좋을까 하는 의문은 다음날 화석이 발견된 현장을 방문해 보니 금세 풀렸다. 화산폭발 후 화산재에 묻히고 용암이 그 위를 다시 덮어 마치 석고붕대를 감아놓은 것처럼 남게 되어 오랜 세월 잘 보존될 수 있었던 것을 알 수 있었다. 생생하게 남아 있는 상태로 발견되어 우리에게 초기 인류의 이동에 대한 많은 이야기를 들려주고 있는 드마니시인의 진실 역시 쏟아져 내린 화산재에 묻혀서 오늘날까지 남아 있었던 것이다.

구석기통신

흔히 막장드라마라고 한다. 한 번만 보면 대충 앞뒤의 상황이 짐작되는, 드라마가 뭐 이래, 그러면서도 열심히 챙겨보는 막장드라마에는 몇 가지 필수 요소들이 있다. 출생의 비밀, 백혈병, 기억상실증. 백혈병과 기억상실증은 이제 드라마계에서 서서히 퇴출당하는 분위기지만 출생의 비밀은 여전히 그 매력을 발산하며 인기드라마의 단골 소재로 등장하고 있다. 출생의 비밀이 빠진 드라마는 왠지 허전하기도 하다. 출생의 비밀이 뭐길래…. 아마도 우리들의 DNA 속에 '나는 어디에서 왔는가?'하는 의문부호가 깊게 새겨져 있기 때문일 것이다. 왜 그리고 언제부터 그런 의문을 품게 되었는지는 모르지만, 출생의 비밀에 대한 근본적 의문을 가진 동물은 우리 인간이 유일할 것이다.

수백만 년 전 나무 위에서 내려와 두 발로 걷기 시작하고 자유로워진 두 손으로 주먹도끼를 만들고 불을 피우기 시작한 인류는 진화의 여정 그 어느 한 시점에서부터 무엇 때문인지 나의 존재를 생각하게 되었다. 수만 년 전 빙하기의 혹독한 추위를 피해 동굴 속으로 들어간 인류는 동굴벽화를 그리고 나를 닮은, 너를 닮은 비너스상을 새기면서 '나는 어디에서 왔을까? 또 어디로 가는 것일까?'하는 질문에 대한 해답을 찾기 위한 노력을 어렴풋이 시작하게 되었을 것이다. 출생의 비밀에 대한 진지한 질문과 해답을 찾기 위한 노력은 지금도 이어져서 인류 진화의 퍼즐을 완성하기 위해 마치 모래밭에서 바늘 찾듯 한 조각 화석이라도 더 찾기 위한 험난한 발굴 작업은 물론이고, 저 멀리 우주먼지로부터 생명의 기원을 찾기 위한 우주탐사까지 출생의 비밀을 찾기 위한 인류의 노력은 마치 친어머니를 찾아 방황하는 드라마의 주인공같이 눈물겨울 정도다. 성경의 창세기도 출생의 비밀을 밝히는 것에서부터 시작하고 있지 않은가. '나는 어디로부터 왔을까?'하는 질문은 자연스럽게 '어디로 갈 것인가?'라는 성찰로 이어진다. 약 10만 년 전 죽은 사람을 부장품과 함께 잘 묻어주는 행위가 나타나기 시작한 것은 사후세계에 대한 자각이 이미 구석기시대부터 본격적으로 시작되었음을 보여주는 고고학적 증거다.

출생의 비밀, 인류기원의 흔적을 찾기 위한 노력은 어렵게 발견되는 고인류화석에 의해 조금씩 그 성과가 쌓여가고 있다. 일찍이 다윈이 인류 진화의 주 무대를 아프리카라고 예견한 이래 동아프리카의 리프트밸리 일원에서는 고인류 화석을 찾기 위한 집중적인 고고학 조사가 이루어졌다. 고인류 화석을 한 점이라도 찾기 위한 고인류학자들의 힘겨운 노력은 화석 사냥꾼들이라는 별명까지 만들어냈다.

인류 진화를 연구하는 학자들에게 고인류 화석의 발견은 로또 부럽지 않은 커다란 행운이다. 고고학 연구의 특성상 발견한 사람에게 연구의 최우선권이 주어짐은 물론이고 그 화석이 인류 진화의 수수께끼를 풀어줄 수 있는 중요한 화석이라면 그것을 발견한 사람은 대단한 명예를 얻게 된다. 지금까지 발견된 최고의 인류화석 중의 하나인 '루씨'를 발견한 도날드 요한슨은 일약 고인류학계의 스타로 떠올랐고 수십년째 그 명성을 이어가고 있다. 고인류학사에 유명한 리키 패밀리도 부단한 노력과 행운으로 고인류 화석을 연달아 발견하였기에 유명한 가족이 될 수 있었다.

하지만 수백만 년 전의 고인류 화석을 발견하는 것은 그리 쉬운 일이 아니다. 오히려 로또에 당첨될 확률이 높을 것이다. 우선 숨질 당시 사체가 온전히 남아 있어야 한다. 강물에 휩쓸리거나 들짐승의 먹이가 되어서는 온전한 사체로 남아 있을 수 없으니 무엇보다도 죽은 사체가 그대로 잘 묻혀야 되는 것이다. 되도록 많은 부위가 잘 묻혀야지만 화석으로 남을 수 있는 확률이 높아진다. 잘 묻혔다고 하더라도 대부분의 사체는 자연상태에서 몇 년만 지나면 썩어 없어지기 때문에 화석으로 남을 수 있는 뼈가 오랜 기간 보존될 수가 없다. 잘 썩지 않는 환경에 잘 묻혀야만 보존이 된다. 진흙뻘이나 호수 밑바닥같이 습기가 많고 퇴적물이 고운 곳이 뼈가 썩지 않고 화석화될 수 있는 좋은 조건을 갖춘 곳이다. 화산재에 묻히는 것도 괜찮다. 화산재는 뼈가 썩어 없어지는 것을 막아주기 때문이다. 동굴에 묻히는 것은 화석화될 수 있는 최선의 조건이다. 특히 석회암동굴이 제일 좋은데 시멘트의 주성분이 석회석이라는 점을 생각해 보기 바란다. 석회암동굴에 묻힌 뼈들은 알칼리 성분의 석회암 속에서 썩지 않고 수십만 년 혹은 수백만 년 보존될 수 있는 것이다. 그래서 주요한 고인류화석의 대부분이 동굴에서 발견된다. 이렇다 보니 동아프리카의 노천에서 발견된 고인류화석들은 그야말로 엄청난 확률을 뚫고 발견되는 행운의 화석이라고 할 수 있다. 우선 잘 썩지 않는 환경 속에서 퇴적되는 게 첫 번째 행운이고, 수십 수백 미터의 퇴적층 속에 묻혀있던 화석이 여러 가지 요인에 의해 밖으로 노출되는 게 두 번째 행운이고, 노출된 화석이 화석사냥꾼의 눈에 띄는 게 세 번째 행운이다. 아무리 잘 보존되어 있던 화석도 뜨거운 태양광 아래에 노출되면 얼마 못 가서 먼지처럼 흩어져 버리기 때문이다. 잘 훈련된 화석사냥꾼들의 눈에 그것도 기가 막힌 타이밍에 발견되어야만 고인류 화석의 계보에 한 줄 등록 될 수 있는 것이니 출생의 비밀을 찾기 위한 노력이 얼마나 눈물겨운 과정인지 짐작할 수 있다.

출생의 비밀을 찾기 위한 여러 가지 학문분야 중에 대표적인 것이 바로 고고학이다. 고고학은 땅을 직접 파서 물건을 찾는 독특한 연구방법으로 무장한 학문이다. 다른 분야와 비교되는 고고학의 가장 중요한 특징은 바로 땅을 판다는 것이다. 땅을 파면 화석도 나오고 주먹도끼도 발굴된다. 고고학 발굴현장에서 많은 사람들이 궁금해 하는 것 중에 하나는 어떻게 여기에 묻혀 있었는지 알 수 있냐는 것이다. 고고학자들은 그냥 무작정 땅을 파지 않는다. 사실 땅속에 묻힌 것들은 0.1mm만 흙에 덮여 있어도 무엇이 묻혀 있는지 알 수가 없다. 그래서 고고학자들은 발굴할 전체 면적을 바둑판처럼 나누어서 조금씩 체계적으로 땅을 파본다. 한쪽 귀퉁이부터 차근차근 파들어 가는 것이 아니라 바둑판처럼 나누어진 구역을 전체적으로 조금씩 파보는 것이다. 무슨 특출한 기계나 영감을 가지고서 직관적으로 땅을 파서 유물을 찾아내는 것이 아니다. 마치 범죄현장의 형사가 하나 하나 증거물을 조심스럽게 수집해 나가듯 조금씩 땅을 파간다. 드러나는 증거들을 종합해서 발굴면적을 확대하고 얼마나 더 깊이 파들어 가는가를 결정하는 것이다. 흔히 고고학자를 〈인디아나 존스〉에 비교하곤 하는데 영화처럼 채찍 휘둘러 가며 말 타고 발굴하는 낭만을 현장의 고고학에서 찾기는 어렵다. 대신 하나의 증거라도 살뜰하게 채집하려는 집요함과 치밀함이 넘치는 현장이 고고학 발굴장이라고 할 수 있다. 많은 젊은이들이 〈인디아나 존스〉의 낭만을 꿈꾸며 고고학에 입문하지만 답답할 정도로 지난한 땅 파는 과정에 중도 포기하는 경우도 많다. 하지만 인류기원의 비밀을 파헤친다는 사명감을 생각한다면 분명히 인디아나 존스류의 낭만을 뛰어넘을 수 있는 재미가 고고학 발굴에 담겨 있다고 생각한다.

수백 가지가 넘는다는 문화의 정의 중에서 한국의 문화인류학자 조흥윤 선생이 내린 정의는 백미다. 사람이 사람답게 사는 맛과 멋.

조 선생은 문화를 이렇게 맛과 멋으로 정의하였다. 사람이 사람답게 사는 출발점은 우리는 어디에서부터 왔을까라는, 바로 출생의 비밀을 찾아가는 지점일 것이다. 먼 옛날에는 사람이 살지 않았다는 내용으로 시작해 현재를 충실하게 즐기자는 대목이 기가 막힌 노래가 있다. 옛날에 누가 살았는지를 생각하는 사람은 앞으로 이 땅에 누가 살게 될지도 생각할 수 있을 것이다. 지속가능한 사회, 그 출발점은 출생의 비밀에 대한 자각인 것이다.

3부

인류의 예술

호모 뮤지시언시스

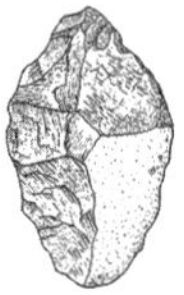

'우리 민족만큼 음주가무를 좋아하는 민족은 없을 것이다.'는 우리나라를 소개하는 글 첫머리에 자주 등장하는 문장이다. 그러나 사실 음주가무를 좋아하지 않는 민족은 없다. 반쯤 양보해서 음주는 몰라도 가무에 해당하는 음악을 싫어하는 민족은 없다고 해도 틀린 말은 아니다. 저 멀리 북극의 이누이트에서부터 칼라하리 사막의 쿵족까지 음악을 즐기고 노래를 부른다.

지구의 각 민족 집단은 각기 독특한 음률을 가지고 있다. 뜨거운 태양 아래 흥겹고 빠른 박자를 타는 아프리카의 정열적인 비트 음악, 눈 덮인 시베리아 설원에서 부르는 애틋하면서도 감성적인 노래, 우리 민족의 즐거우면서도 애잔한 단조음악 등등 각 집단은 저마다의 고유한 정서를 반영한 음악을 가지고 있다. 사람들은 기쁘거나 슬플 때, 힘겨운 노동을 할 때, 집단의 협동이 필요할 때 노래를 부른다. 처절한 전쟁터에서도 노래는 끊이지 않는다. 유명한 사면초가의 고사를 떠올려 보면 전쟁터에서 지친 병사들의 영혼에 노래가 어떤 역할을 하였는지를 짐작할 수 있다. 우리에게 음악이 없는 삶은 상상하기 어렵고 음악을 하는 삶이야말로 인간이 여느 동물과는 차원이 다른 감성적인 동물이라는 것을 일깨워 준다.

음악은 인간의 감성을 자극한다. 차분한 노래를 들으면 생각하게 되고, 흥겨운 노래를 들으면 춤추게 된다. 또 음악은 연주하거나 노래하는 사람과 듣는 사람을 감성적으로 연결하기도 한다. 음악을 매개로 공감대를 형성하는 것인데 이러한 정서적 유대감은 인류가 사회적인 동물로 성장하는 데 중요한 역할을 하였다. 인간에게 음악은 무엇인가? 왜 노래를 부르고 음악을 즐기는가? 음악은 생물학적으로는 설명하지 못하는 인간다움을 보여주는 인류 진화의 미스터리라고 할 수 있다.

노래는 인간이 고안해낸 음악 중에 가장 최초의 것이면서 또한 가장 최고의 것이다. 그래서 목소리가 천상의 악기라는 말이 나온 것이다. 목소리로 낼 수 있는 다양한 소리의 집합인 노래는 인간의 말하기 능력과 직접적으로 연결되어 있다. 성대모사에 능통한 개그맨들의 공연을 보면 목소리로 낼 수 있는 소리는 그야말로 무궁무진하다. 지구상의 모든 악기 소리를 다 낼 수 있는 게 사람의 목소리라고 할 수 있다. 말하는 능력 즉 언어는 다른 동물들과 구별되는 우리 인간만이 가진 고유한 특성이다. 그런데 언어의 기원은 음악의 기원과도 연결된다. 노래를 부르려면 소리를 낼 수 있어야 하기 때문이다. 말하고 도구를 만드는 인간이 바로 노래하고 음악하는 인간인 것이다.

동물들에게도 소리는 중요한 의사소통 수단이다. 자기의 의사를 표현하고 전달하기 위해서는 반드시 소리를 낼 수 있어야만 한다. 손짓 발짓도 가능하기야 하겠지만 소리를 내서 전달하는 의사소통에 비하면 효율성과 정확성이 매우 떨어진다. 일상의 기쁨을 표현하고 포식동물의 접근을 알리는 두려움의 표현을 하기도 하고, 음식이 있는 곳을 알려주는 중요한 생존정보도 소리가 있어야만 보다 명확하게 전달할 수 있다. 사회적 동물인 인간에게 정교한 정보교환을 위한 소리의 다양화는 인간의 생존능력 향상에 엄청난 도움을 주었다. 생사와 관련된 정보를 자기들만의 언어로 공유하는 집단, 즉 공동체가 형성될 수 있었다.

정확한 정보를 전달하기 위해서는 톤이 다른 소리를 만들어 내는 것이 관건이다. 높낮이가 다른 소리를 내는 능력을 보다 정교화하는 과정은 인간의 언어가 발달하는 과정과 다름이 아니다. 인간이 내는 다양한 소리는 다른 동물들에게서 볼 수 있는 짝짓기를 위한 소리, 자기 영역임을 상대방에게 알리려는 소리들과는 근본적으로 다른 소리다. 높낮이가 다르고 길이가 다른 소리, 그게 바로 노래다. 초기의 언어는 마치 합창의 허밍과도 같은 '흠흠흠'하는 소리에서 출발했다는 주장도 그래서 일리가 있다.

정교한 의사소통은 사냥꾼 인간에게는 필수불가결한 기술이었다. 날뛰는 들소같이 사나운 사냥감을 향해 무작정 소리를 지르고 창을 던지며 무모하게 달려 드는 것은 자살행위에 가깝다. 이보다는 사냥에 참가하는 구성원들 간의 역할 분담을 명확히 하고 어떻게 사냥감을 제압할 것인지를 서로 간의 충분하고도 효율적인 언어로 대화하며 협동하는 것이 사냥의 성공률을 높이는 기술이었던 것은 분명하다. 이렇게 정교한 언어로 충분하고 정확하게 대화하는 능력은 인류가 최후의 승자(?)로 살아남을 수 있게 만든 중요한 능력이었다.

의사소통을 위한 목소리는 후두에서 발생하여 성도를 거쳐 구강에서 혀와 입술, 입천장의 움직임을 통해 말로 표현된다. 발성은 후두의 위치, 비강의 크기, 혀의 크기와 조절능력에 의해 좌우된다. 유인원은 후두가 목구멍 꼭대기에 위치하여 호흡기와 소화기를 나누는 역할을 한다. 대신 소리는 후두개와 입천장 사이의 인강에서 만들어지는 공명음으로 제한된다. 인간 성인의 후두는 인두가 자리한 공간에서 약간 더 아래에 위치한다. 인두 공명강이 열리면 넓은 범위의 모음을 내게 된다. 이렇게 넓은 범위의 모음을 낼 수 있는 능력은 멜로디를 낼 수 있는 바탕이기도 하다. 아주 간단히 표현하려고 했지만 이쯤되면 말을 하는 능력이 우리 몸의 각종 센서들이 종합적으로 작용하는 매우 복잡하고도 정교한 과정이라는 것을 알 수 있다.

그런데 인류가 말을 할 수 있게 된 것도 따져보면 직립보행이 가져온 신체구조의 변화 때문이라고 할 수 있다. 직립보행을 하게 되면서 똑바로 세워진 척추는 뇌는 물론 목소리를 낼 수 있는 구강 내부의 해부학적 구조에도 영향을 미쳤다. 목소리를 내기 위해서는 후두의 새로운 위치와 형태가 중요했는데 치아구조의 변화에서 수반되는 얼굴구조의 변화를 통해 낼 수 있는 소리의 폭이 넓어지고 다양해졌다. 높낮이와 길이를 조절할 수 있게 된 목소리에 감정을 담으면서부터 풍부한 감성을 서로 간에 주고받았고 마침내 인간의 역사에서 위대한 음악적 혁명을 불러일으켰다. 노래와 언어는 함께 진화했으며, 노래의 진화야말로 언어의 비밀을 푸는 열쇠인 것이다.

인간이 언제부터 언어를 사용하게 되었는지는 아직도 많은 연구과제가 남아 있다. 1989년 이스라엘 케바라 동굴에서 발견된 네안데르탈인의 설골 화석은 현생인류의 설골과 유사한 말발굽 모양이어서 이들도 우리와 비슷한 언어 능력을 구사했을 것이라 추측한다. 스페인에서 최근에 발견된 설골들은 그 연대가 50만 년이 넘는 것으로 알려지고 있어 현생인류 및 네안데르탈인과 모두 유연관계가 있는 '호모 하이델베르겐시스'의 것으로 본다.

지금까지 발견된 화석자료만으로는 인간이 언어를 사용할 수 있는 능력을 발휘하기 시작했다고 생각되는 시기를 정확히 확정할 수는 없지만 약 50만 년을 전후로 후두의 위치가 다른 영장류에 비해서 훨씬 더 낮은 곳으로 내려간 것은 분명해 보인다. 사람도 갓 태어났을 때는 후두가 다른 포유동물들과 마찬가지로 목구멍 꼭대기에 위치하여 음식섭취와 호흡 모두에 중요한 기능을 한다. 그러나 생후 1년이 지나면서 후두는 어른의 위치로 내려가기 시작해서 사춘기를 지나면 다양한 목소리를 낼 수 있는 위치로 완전히 내려오게 된다. 인류 진화의 단계에서도 이런 비슷한 과정이 있었을 것으로 생각된다. 한편 후두가 낮아짐으로 인간은 훨씬 광범위하고 다양한 소리를 낼 수 있게 되었다. 변성기가 지난 청소년들의 목소리가 저음까지 낼 수 있게 되는 것도 후두의 위치 변화에 의한 것이다. 반면 일종의 차단벽 역할을 하는 후두가 낮아짐으로 음식물이 기도로 들어가 질식할 가능성은 높아졌다. 떡을 먹다가 호흡곤란에 빠지거나, 물을 마시다가 사레에 들리는 것은 인류의 진화가 가져온 일종의 부작용인 셈이다.

인간이 소리를 낼 수 있게 된 것은 구강구조의 변화뿐만 아니라 두뇌의 발달과 청각기관이 함께 진화했기 때문이다. 구강구조가 바뀌어 다양한 소리를 낼 수 있게 되었고, 의사소통을 위해 듣는 기관도 함께 발달하였다. 또한 두뇌의 발달은 다양한 소리들을 이용하여 언어와 음성음악을 만들어 낼 수 있게 되었다. 다양한 소리를 낼 수 있게 된 인간이 언제부터 본격적인 음악활동을 할 수 있게 되었을까? 인간의 뇌가 획기적으로 발달하는 현생인류 단계에 들어서 본격적인 음악활동이 생겨났다고 볼 수 있다. 왜냐하면 음악은 좌뇌와 우뇌를 모두 사용하는 행위이기 때문이다. 음악의 멜로디와 같은 감성적인 부분은 우뇌가 관장하지만 시간을 측정하는 박자나 리듬은 좌뇌를 사용하기 때문이다.

인간의 진화는 우리의 DNA가 세대를 거듭하여 내려가면서 이루어지는 것이다. 음악도 항상 새로워진다. 그래서 배우지 않아도 새로운 세대에는 새로운 음악이 이어지는 것이다. BTS의 노래가 전 지구에 울려 퍼지는 것도 새로운 음악에 대한 인류의 본능적인 욕구 때문일 것이다. 오늘날 현대 인간은 행복해지기 위해서 그리고 사회를 아름답게 만들기 위해서 끊임없이 새로운 음악을 만들어 내는 호모 뮤지시언시스이다. DNA가 서로 연결되고 복합되어 새로운 진화의 결과물을 만들어 내듯이 변화하는 음악도 진화가 우리들에게 준 또 하나의 선물인 것이다.

###의 시대

중부고속도로에서 서울방면으로 진입하다 보면 만남의 광장 휴게소 뒤편 멀리로 나지막한 산이 바라보인다. 이 산은 하남 이성산인데 이곳에 하남 이성산성이 있다. 하남 이성산성은 경기도 하남시 춘궁동, 초일동, 광암동에 걸쳐 있는 표고 209.8m인 이성산의 봉우리를 에워싸고 동남쪽으로 이어지는 산능선상에 축조되어 있는 산성이다. 총 둘레는 1,925m이며, 산성 내부의 면적은 약 155,025㎡로 47,200평이나 되니 제법 규모가 큰 고대산성이다. 이성산성은 초입에서 천천히 걸어 올라가도 20여 분 남짓이면 도착하는 나지막한 곳에 위치한 산성이지만 산성 정상부에 올라서면 주변 일대가 한눈에 조망되어 천혜의 요새임을 알 수 있다. 이성산성 안에는 8각, 9각, 12각 등 특이

한 평면형태의 건물지들도 확인되고 있어 성의 성격과 관련해서 여러 가지 논의가 진행 중이다. 특히 한강 너머 고구려가 쌓은 아차산성과는 거의 마주 보는 형국을 하고 있어 하남 일대가 한성백제의 수도였다고 생각하는 사람들이 큰 기대를 하고 여러 차례 발굴 조사를 하였다. 하지만 아쉽게도 출토되는 유물의 대부분은 백제의 것이 아니었다. 고구려계통의 유물 아주 일부를 빼고는 대부분 신라계통의 유물들이고 성벽의 축조형태 역시 신라계로 보여 하남 이성산성은 지역민들의 바람과는 달리 신라성이라는 설이 유력하다.

하남 이성산성이 뜬금없이 구석기시대 이야기에 등장하는 이유는 이곳에서 발굴된 고구려 토기에 새겨진 '井'자 문양 때문이다. 밥그릇 모양의 토기 밑바닥에 무심한 듯 낙서처럼 휙휙 갈겨쓴 우물정자 '井'. 이 수수께끼 같은 문양 부호의 비밀을 밝혀내는 과정이 바로 최인호의 역사 소설 《왕도의 비밀》 주요 내용이다. 우물정자 '井' 문양의 기원을 추적한 이 소설을 통해 최인호는 '井' 문양이 광개토대왕의 표식이자, '물의 신 하백의 손자이며 해의 신 해모수의 아들'인 우리 한민족을 상징하는 문양이 아닐까 추리해 나간다.

최인호 작가의 치열한 작가 정신이 돋보이는 소설 《왕도의 비밀》의 주인공인 이 '井'자 문양은 '#'과 같은 형태의 기호이다. 흔히 체크무늬라고 불리는 문양과도 연결되는데 사실 이 # 문양은 인류가 최초로 새긴 기호와 연결된다. 최인호 작가는 이 '#'문양에서 알 수 없는 호기심을 느꼈다고 한다. 비록 이 우물정자 모양의 # 기호가 고구려 광개토대왕의 표식인지는 고고학적으로 확실히 밝힐 수는 없지만 누구나 알고 있는 명품브랜드의 기본 문양이 이 체크무늬고 세계 각지에서 생산되는 직물이나 수공예품의 기본 문양이 체크무늬라는 것은 우연이 아닌 것으로 보인다.

이 장의 제목을 '샾샾샾의 시대'라고 읽으신 분도 계실 테지만 여기에서의 #은 해시태그hashtag를 뜻한다. 해시태그hashtag란 '끌어모음'이란 뜻의 '해시hash'와 '꼬리표'라는 뜻의 '태그tag'를 합성한 단어다. 특히 SNS에서 특정 단어나 문구 앞에 '#' 기호를 써서 정보를 공유할 수 있도록 만든 기능을 말한다. 샾으로 읽으신 분들은 고개를 갸우뚱거리지 마시고 페이스북이나 인스타그램에서 #을 머리에 쓴 단어들로 빼곡하게 채워진 포스팅들을 연상하시길 바란다. # 기호를 써서 정보 공유의 기능을 하는 해시태그를 만든 사람이 만일 이 # 기호의 인류사적 의미를 알고 이를 SNS 시대의 가장 중요한 상징 기호인 정보 공유의 기호로 사용했다면 참으로 적절한 기호를 사용하였다고 할 수 있다.

오늘날 현대 인류는 수많은 기호로 구성된 상징적인 공간 안에서 생활하고 있다. 인류는 상징하는 동물이라고 할 수 있다. 언어와 문자는 말할 것도 없이 대표적인 상징체계다. 교통신호의 상징을 이해하지 못하면 꼼짝할 수가 없으며, 전 국민이 사용한다는 카카오톡에서는 상징화된 이모티콘으로 감정을 교환한다. 해쉬태그로 무장한 글과 사진들이 인스타그램과 페이스북에 넘쳐난다. 그리고 SNS시대의 대표적인 상징이 된 이 해시태그 문양 #의 기원은 무려 7만 3천 년 전으로 거슬러 올라간다.

블롬보스 동굴에서 발견된 # 모양의 기호가 새겨진 유물을 보면 이미 구석기시대에 특정한 의미를 지닌 상징기호를 사용했다고 추측할 수 있다. 블롬보스 동굴은 남아프리카공화국의 수도인 케이프타운에서 해안선을 따라 약 300km 동쪽에 위치하는, 인도양과 접해 있는 바닷가에 위치한 중요한 동굴유적이다. 20여 년에 걸친 발굴조사 결과 이곳에서 적어도 14만 년 전부터 사람들이 살았던 흔적을 확인했다. 당시 이곳에 살았던 사람들은 조개, 물고기 등을 잡아먹으며 생활했던 것으로 보인다. 블롬보스 동굴이 중요한 이유는 이 동굴에서는 오랜 기간 사람들이 살았던 흔적이 켜켜이 쌓여 있기 때문이다. 이런 동굴유적은 고고학연구에 있어서는 보물창고와 같은 곳이다. 켜켜이 쌓인 층들에서 시기를 달리하는 다양한 유물들이 출토되고 있기 때문이다. 특히 이 동굴유적에서는 약 7만 6천 년 전의 구석기 사람들이 사용했던 조개로 만든 장신구며 황토를 짓이겨 물감을 만드는 데 사용한 것으로 보이는 전복껍데기와 함께 격자 모양의 추상적인 문양이 조각된 황토 조각이 발견되어 인류가 언제부터 예술가의 기질을 발휘하게 되었고 또 상징을 사용하는 추상적인 사고능력을 갖게 되었는지에 대한 연구에서 매우 중요한 위치를 차지하고 있다.

최근에 이 블롬보스 동굴에서 발굴된 엄지손가락 한 마디 정도

되는 작은 크기의 실크리트silcrete 조각 표면에 붉은색을 띄는 직선 9개로 어떤 의미가 있는 것으로 보이는 문양이 그려져 있는 것이 확인되었다. 언뜻 보면 돌 속에 포함된 산화철과 같은 광물질들에 의해 자연적으로 생긴 문양인 것처럼 보이기도 하지만 화학적 분석을 통해 이 문양들이 자연적인 현상에 의한 것이 아니라 안료를 칠해서 그려진 것임을 확인하였다. 또한 선이 그려진 표면에 대한 정밀 분석을 통해 좀 더 굵은 직선 3개가 또 다른 직선 6개에 교차돼 있는 것을 알 수 있었는데 바로 두 선이 교차하는 #과 같은 형태의 문양이다. 이 문양은 자연현상에 의해 생긴 것이 아니라 인위적인 기호이며 단순한 그림은 아니고 상징적인 의미를 가진 기호였던 것이다. 2002년에 발견되었던 격자모양의 추상적인 패턴이 새겨진 황토조각과 같은 의미를 가진 유물인데, 전자가 새겨서 문양을 그린 것이라면 후자는 물감으로 그렸다는 점에 차이가 있다고 하겠다.

볼롬보스 동굴에서 발견된 이 문양은 지금까지 발견된 인류가 남긴 기호 중 가장 오래된 것으로 평가받고 있다. 이 문양이 발견되기 이전에도 스페인의 엘 카스틸로 동굴에서 암각화에 새겨진 알 수 없는 기호가 발견되기도 했고 인도네시아의 술라웨시에서도 어떤 동물을 상징하는 것으로 보이는 기호가 확인된 사례가 있지만 모두 볼롬보스 동굴의 # 모양 문양보다는 수만 년 뒤의 것들이다. 상징을 사용할 정도의 체계적인 사고가 가능했던 시기가 수만 년이나 올라가게 된 것이다. # 모양의 문양을 남긴 사람들이 어떤 뜻을 가지고 이 문양을 그렸는지는 정확히 알 수는 없겠지만 의사소통을 위한 상징적인 기호로 남겼다는 것으로 이해할 수 있을 것이다. 아무 의미 없이 새기고 그리기에는 남겨진 모양이 복잡하고 만들기도 어렵다는 점도 이 문양이 특정한 의미를 가졌을 것이라는 심증에 힘을 실어 준다.

왜? 무슨 이유로 이 작은 돌조각에 어렵사리 # 문양을 그려 넣었느냐는 질문에 연구진을 이끄는 헨실우드 교수는 현대인들이 인터넷 등을 통해 '#ButWhatDoesItMean?' 식으로 해시태그를 표기하여 정보를 공유하듯 선사인들도 자그마한 돌조각에 자기들만의 의미를 체크무늬와 같은 모양으로 표기해 놓았을 것이라고 주장한다. 이 주장에 따르면 이는 인류 조상들이 이미 7만 3천 년 전에 언어의 보조 수단인 기호를 사용해 서로 간에 소통하고 의사를 교환하고 있었음을 말해주는 것이다. 이는 오늘날 인류 문명의 근간을 이루는 상징 체계를 사용하기 시작한 것이 기존에 생각했던 것보다 훨씬 더 오래전임을 알려주는 것이다.

바닷바람이 불어오는 블롬보스 동굴 한 구석에서 신중하게 # 문양을 그리던 사람이 수만 년 뒤에 이 유물을 발견할 고고학자와 정보를 공유하기 위한 의사소통 수단으로 # 문양을 새긴 것은 아니겠지만 결과적으로 남아프리카의 구석기시대 사람과 이성산성의 고구려 병사 그리고 오늘의 우리가 이 # 해쉬태그를 통해 수만 년의 시간을 뛰어넘어 서로 소통하고 있는 것이다. 고고학적 상상의 세계에서는 이런 재밌는 일도 벌어지곤 한다.

별들로 가득한 밤하늘

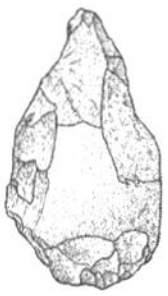

지금도 맑은 목소리로 노익장을 과시하는 윤형주의 대표곡 중의 하나인 〈두 개의 작은 별〉은 지금도 캠핑장에서 밤하늘의 별을 보며 사랑하는 사람들과 다정하게 부르는 노래다. 별이 지는 것을 바라보며 꿈과 슬픔을 노래하는 대목에서 노래의 감성은 절정을 향해 치달린다. 윤형주의 육촌형 시인 윤동주도 〈별 헤는 밤〉에서 별에 얽힌 추억을 노래했다. 별들로 가득한 밤하늘은 우리가 닿을 수 없는 아주 머나먼 곳이지만 언제나 우리 인류에게는 여러 가지 감상과 애틋함을 더해줬다.

별들을 몇 개씩 서로 연결하여 신화 속에 등장하는 상상의 인물이나 동물 혹은 사물의 이름을 붙인 것을 별자리라고 한다. 밤하늘에 빽빽하게 차있는 별들을 관찰하던 인류는 주변의 별들을 서로 묶어 주로 동물이나 사물의 이름을 붙였는데 사자자리, 황소자리, 물병자리 같은 이름이 그것이다. 현재 국제적 표준이 되는 별자리는 모두 88개라고 한다. 한 가지 재밌는 것은 서로 하나의 별자리로 묶여있는 별들도 지구에서 보이는 방향만 같을 뿐 실제 별까지의 거리는 모두 다르다는 점이다. 북두칠성에 얽힌 곰의 전설과 같이 별자리와 관련된 재밌는 얘기들은 동서양을 막론하고 오랜 기간 신화의 중심을 이루었다. 태양이 움직이는 길인 황도에 위치하는 별자리들을 특별히 황도 12궁이라고 부른다. 서양에서 이름 붙인 황도 12궁의 개념은 동양의 12지와도 일맥상통 한다고 하니 별자리에는 동서양이 따로 없는 것 같다.

이 황도 12궁의 별자리가 중요한 것은 이 별자리의 움직임을 통해 계절의 변화를 알 수 있기 때문이다. 지금도 마찬가지지만 구석기시대의 인류에게 계절의 변화를 안다는 것은 생존을 위한 필수조건이었다. 오랜 시간 밤하늘을 관찰한 인류는 한낮의 뜨겁고 환한 태양이 지고 주위가 어둑어둑해지는 때 가장 하늘의 별들이 잘 보이는 시각에 정남 방향에 보이는 별들이 계속 변한다는 것을 알게 되었을 것이다. 즉 별자리들이 변하는 밤하늘을 통해 계절의 변화를 편리하고도 정확하게 알아볼 수 있었던 것이다. 밤하늘을 차지하는 12개의 별자리, 혹은 12개의 별자리를 중심으로 12등분하여 나누어진 밤하늘의 움직임은 12달 시시각각 변하는 계절의 변화를 알려주었다. 계절의 변화를 예측하기 위해서는 밤하늘의 별자리를 관찰하는 것이 중요했으며 이 별자리의 움직임을 기록해야만 했을 것이다. 계절의 변화뿐만 아니라 길잡이의 역할을 하는 이 별들의 움직임은 그래서 항상 중요한 관심거리였다. 우리나라의 북쪽 하늘에서는 북극성 부근에 있는 별자리들을 계절에 관계없이 언제나 볼 수 있다. 변하지 않고 늘 같은 자리에 있는 북극성과 북두칠성을 중심으로 한 그 주변의 별들은 그래서 고대 이래 우리나라 사람들의 밤하늘에 대한 기록에 주로 등장하는 것이다.

언제부터 이 별자리들의 움직임을 기록하기 시작하였는지는 정확히 알 수는 없지만 별자리들과 관련해서 가장 많이 등장하는 고고학적 유물은 고인돌에 새겨진 동그란 구멍들이다. 고인돌은 거대한 돌을 괴어서 만든 선사시대의 거석 기념물이다. 청동기 시대를 대표하는 무덤으로 한반도 전역에서 발견된다. 이 고인돌을 만들기 위해서는 많은 인력이 필요했기 때문에 지배계급의 등장을 의미하는 것으로 해석된다. 고인돌의 축조에는 적게는 수십 명 많게는 수백 명의 사람들이 동원되었던 것으로 짐작되기 때문이다. 이 고인돌의 덮개돌에 동그랗게 홈이 파져 있는 경우가 종종 발견된다. 고인돌의 덮개돌이 오랜 시간 외부에 노출되어 있었던 것을 감안할 때 이 동그란 구멍이 언제 새겨졌는지를 정확히 알 수 없는 경우가 대부분이지만 여러 가지 발견 정황을 종합해 볼 때 청동기시대 고인돌 축조 당시부터 새겨진 구멍들도 있다는 데는 의심의 여지가 없어 보인다.

문제는 이 구멍들이 도대체 뭐냐는 것이다. 왜 이 구멍들을 새겼으며 이 구멍은 무슨 의미를 가지고 있냐는 것이다. 고고학에서는 잘 모르는 유물이나 유구가 나오면 흔히 의례와 신앙, 다산과 풍요를 갖다 붙이는 경우가 많다. 이 구멍들도 마찬가지여서 여성의 성기를 의미하는 구멍이며 생산과 풍요를 상징하는 의례를 위해 이 구멍들을 새겼다는 주장이 주류를 이룬다. 후대의 민속자료에서 이 구멍들을 알구멍이라고 하여 숭배하는 사례들도 보이고 있어 충분한 근거가 있는 설명이다. 하지만 어떤 고인돌의 경우에는 빽빽하게 동그란 구멍들이 뚫려있는 경우도 있는데 학자들에 따라서는 이 구멍들이 밤하늘의 별자리를 새겨놓은 것이라고 주장하기도 한다. 이 구멍들을 연결하면 대개 북두칠성이 된다. 고인돌이 무덤이라는 것을 상기하여 죽은 이가 밤하늘의 별이 되기를 소망하는 마음으로 새긴 것이라는 해석을 내놓기도 한다. 여전히 궁금한 점이 많은 구멍들이다.

2018년 12월 함안 말이산 13호 고분에서 가야시대의 별자리가 발견되었다 하여 화제가 되었다. 함안 말이산 고분은 땅을 파고 돌로 무덤방을 만든 뒤 흙으로 덮은 무덤으로 구덩식 돌덧널무덤이라고도 부른다. 이 돌덧널무덤의 덮개돌 즉 관을 안치하고 무덤방을 덮은 뚜껑돌에서 125개의 작은 구멍들이 발견되었는데 이 작은 구멍들이 별자리를 표시한 것이며 이 구멍의 크기와 깊이가 각각 다른 것은 별의 밝기를 의미하고 있어 다름 아닌 가야인의 천문사상을 보여주고 있다는 것이 조사자들의 설명이다. 고구려의 고분벽화에 그려진 별자리들처럼 가야인들도 밤하늘의 별자리를 새긴 돌로 무덤을 덮었다는 것이다. 반론도 만만치 않다. 이 뚜껑돌에 새겨진 구멍들이 무덤을 만들 당시에 새겨진 것이라는 확실한 물증이 부족하다는 주장이다. 그리고 '이 구멍들을 연결하여 제시한 별자리가 오늘날의 별자리지 과연 가야시대의 별자리일까?'라는 질문에는 고개가 끄덕여지기도 한다. 여러 가지 의문점이 많이 남아 있기는 해도 한 가지 분명한 점은 이 작은 구멍들이 그냥 재미로 판 것은 아닐 것이라는 점이다. 가야시대에 새겨진 것이든 그 이전에 고인돌을 축조하던 청동기 시대 사람들이 남겨놓은 것이든 깊은 뜻을 가지고 이 구멍들을 새겨 놓았다는 점은 변할 수 없는 사실로 보인다. 이 구멍들이 무엇을 의미하는 것인지는 앞으로 고고학자들이 열심히 연구해야할 과제다.

이와 관련하여 최근에 발표된 연구 중에 재밌는 것은 라스코동굴벽화에 대한 새로운 해석이다. 영국 에딘버러 공학대학의 연구진들이 라스코 동굴의 황소의 방에 남겨진 그림들이 기원전 1만 5천 2백 년경에 발생한 운석충돌 사건을 묘사한 것이라는 해석을 내놓은 것이다. 지금까지 라스코 동굴벽화는 사냥의 성공과 풍요를 기원하는 주술적인 의미를 갖고 있다는 해석이 주를 이루고 있었는데 이들은 동굴벽화에 그려진 동물그림들이 사냥성공을 기원하는 선사인의 간절한 소망을 주술적인 의례를 담아 표현한 것이 아니라 당시 선사인들이 바라본 황도 12궁 별자리를 통해 운석 충돌을 기록한 것이라고 해석한 것이다. 그 유명한 구석기시대의 조각품 사자인간도 라스코동굴벽화 이전의 황도 12궁 별자리에 대한 인식이 있었다는 증거로 해석하고 있다. 좀 무리한 해석이라고 생각되지만 동굴벽화를 새로운 시각으로 바라보았다는 데 그 의의가 있다고 하겠다.

오늘도 반짝이는 우주의 별들은 밤하늘을 가득 메우고 있다. 비록 대기오염에 찌들어 그 빛을 우리가 제대로 볼 수가 없지만 말이다. 돌도끼를 두드려 깨다가 문득 올려다보던 구석기인의 하늘과 고인돌 뚜껑돌에 공들여 밤하늘의 별자리를 새기던 청동기시대 사람들이 바라보던 밤하늘, 그리고 죽은 자의 영혼이 하늘의 별이 되기를 소망하여 밤하늘의 별을 한가득 새겨 넣어 무덤의 뚜껑을 덮었던 가야 사람들의 하늘, 그리고 모닥불을 피우고 저 별은 나의 별을 나지막이 부르는 오늘의 우리가 바라보는 밤하늘은 과연 같은 하늘일까? 다른 하늘일까? 이런저런 생각을 하면서 가끔은 밤하늘을 바라다보는 즐거움을 느껴보시길 바란다.

91억 9263만 1770번

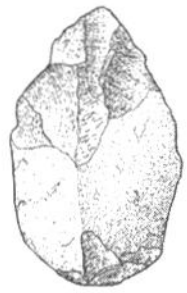

감옥에 갇힌 죄수가 등장하는 소설이나 무인도에 표류한 사람이 등장하는 영화에서는 언제든지 벽이나 바위를 긁어 날짜를 표시하는 장면이 등장한다. '오늘 며칠이더라? 지금 몇 시지?'하는 질문을 늘 달고 다니는 게 요즘 현대인의 삶이다. 우리들은 항상 시간을 궁금해한다. 날짜를 알아야만 마음이 놓이는 존재가 인간인 것이다.

시간을 안다는 것은 사실 인류생존의 기본조건이었다. 변화하는 환경 속에서 적응과정을 거치던 연약하고 보잘것없는 가여운 존재였던 초기 인류에게 머리 위를 빙빙 도는 독수리를 보고 동물 사체의 위치를 찾아낸 그 순간부터 하이에나가 들이닥치기 전 한 조각의 고기라도 뜯어내어 도망치기까지의 시간은 삶과 죽음을 갈라놓는 절체절명의 순간이었다.

사자가 사냥 후 지친 틈새 시간을 노려 온갖 눈칫밥을 먹어가며 근근이 살아남아 석기를 만들고, 불을 피우고, 사냥하며 서서히 뇌의 크기를 키워나가던 인류는 언제부턴가 해가 지면 달이 뜨고 아침이 오면 따뜻한 바람이 불고 여러 번 달이 찼다 기울면 들소가 찾아온다는 것을 알게 되었다. 그리고 그때를 알아야만 했다. 그날에 맞춰 돌창촉을 다듬고 깊은 함정을 파야 했다. 마음껏 사냥할 수 있는 그때를 알아야만 했다. 그때가 언제일까? 그때를 알기 위해서는 시간을 기록해야 했다.

최초의 시계는 아마도 특별한 도구가 없어도 그림자의 길이가 시시각각 변하는 것을 보고 시간을 짐작할 수 있었던 해시계였을 것이다. 발 딛고 살던 지구 자체가 시계였던 셈이다. 해시계는 몇 시 몇 분이 아니라 대략적인 때를 알려주었다. 비가 오나 눈이 오나 즉 하늘에 해가 없을 때에도 시간을 알아야만 했던 인류는 일정 간격을 두고 떨어지는 물방울이나 모래 등을 이용하여 보다 더 정확한 시간을 재는 시계를 만들었다. 사회가 발달하고 도시가 커져가면서 점점 더 정밀한 시계를 필요로 하게 되었다. 지금은 석영 결정이 3만 2768번 진동하는 시간을 1초라고 하던 때도 지나 세슘 원자가 91억 9263만 1770번 양자 진동하는 시간을 1초라고 하는 시대에 살고 있다. 실로 대단한 과학의 시대다.

오늘날로 치면 달력 같은 유물이 인류의 역사에 등장한 때는 대개 3만 년을 전후한 후기구석기시대로 알려지고 있다. 19세기 후반 프랑스에서 손바닥만 한 뼛조각에 이상한 빗금을 긋고 점을 새긴 유물들이 발견되었다. 이 희한하게 생긴 유물의 용도에 대해서 학자들마다 여러 의견이 분분하였는데 1990년대에 들어서 마르샤이라고 하는 학자가 이 유물들을 자세히 관찰하고 이상한 점들과 빗금들을 치밀하게 분석하여 이 유물들이 시간을 표시하는 달력이라는 해석을 내놓았다. 물론 반론도 만만치 않지만 이 유물들을 자세히 들여다보면서 마르샤의 해석을 곱씹어보면 후기구석기시대의 누군가가 어떤 시간을 표시하기 위해 빗금을 긋고 점을 찍었다는 마르샤의 해석에 무릎을 탁 치게 된다.

사실 고고학자들이 눈으로 보지 않은 사실들을 분석하여 물건의 용도를 짐작하고 그것을 만든 사람들의 문화까지 해석하는 것은 결코 쉬운 일은 아니다. 타임머신 타고 가서 그것을 만들고 새긴 사람들에게 직접 물어보지 않고서 어찌 그것을 알 수 있느냐는 식의 공격적 질문에는 딱히 할 말이 없는 것도 사실이지만 그렇다고 하더라도 치밀하게 유물을 분석하고 그것을 토대로 가설을 세우고 그것을 다시 철저한 검증과정을 거쳐 해석을 내놓는 과정은 그리 단순하거나 논리 비약적이지만은 않다. 91억 9263만 1770번 양자 진동하는 시간을 1초라고 하는 과학의 시대에 살고 있음을 다시 한 번 상기하시기 바란다.

1870년 프랑스의 아브리 라르테에서 발견된 뼛조각에는 알 수 없는 점과 빗금들이 가득하다. 아브리는 '바위그늘'이라는 뜻이니 라르테 바위그늘에서 발견된 뼛조각이다. 앞뒷면을 정성 들여 갈아내고 이상한 무늬들을 새긴 이 뼛조각을 현미경으로 들여다보며 빗금의 숫자를 새고 새겨진 문양의 모양을 따라 그리면서 끈질기게 파고든 마르샥은 이 뼛조각에 새겨진 빗금과 점들의 숫자를 계산하고 새겨진 위치를 분석하여 이 뼛조각이 태음력으로 11개월 즉 1년을 기록한 마치 휴대용 달력과 같은 것이라는 해석을 내놓았다. 휴대용 달력이라는 자그마한 뼛조각에 빽빽하게 새겨진 100개가 넘는 빗금과 점들을 들여다보고 있으면 마치 영화 〈캐스트 어웨이〉에서 무인도에 표류한 톰 행크스가 집으로 돌아갈 희망을 잃지 않고 바위에 빗금을 그어가며 그날그날을 기록했던 것이 떠오른다. 구석기시대 사냥꾼의 하루하루가 빗금과 점들로 남아 있게 된 것인지 아니면 할아버지의 할아버지 때부터 내려오던 순록이 돌아오는 시간에 대한 집안의 비밀을 영특한 손자가 암호처럼 새겨 넣어 다음 달에 있을 사냥철에 대비하려고 만든 것인지 이런저런 재밌는 상상도 하게 된다.

프랑스 도르돈뉴 지방의 아브리 블랑샤에서 발견된 또 다른 한 점의 뼛조각품은 '후기구석기시대 사람들이 정말로 달력을 만들었을까?'하는 궁금증에 보다 더 확실한 해답을 준다. 길이 10cm 정도의 작은 뼈의 겉면을 갈아 수십 개의 구멍을 낸 이 뼛조각은 그야말로 명실상부한 달력Calendrier이라고 할 수 있다. 마르샥이 현미경으로 분석하여 따라 그린 이 문양의 그림들은 작은 구멍들이 달이 차고 기우는 모양을 따라 그린 것이라는 것을 잘 보여준다. 물론 학자에 따라서는 반론이 있을 수도 있겠지만 이 아브리 블랑샤의 뼛조각품이야말로 당시의 휴대용 달력이라고 보는 것이 타당할 것이다.

우리와는 수만 년 시간을 사이에 두고 떨어져 있는 후기구석기시대 사람들이 바라보았던 그 달은 지금 우리가 보는 그 달과 똑같은 달이다. 비록 암스트롱이 두 발을 딛고 서서 인류의 위대한 첫발자국이라고 감격해 하면서, 그리고 달의 뒷면까지 들여다보겠다고 우주선을 날려 보내면서 이제는 그 옛날 그 사람들이 올려보던 그 달은 아닌 게 되어버렸다. 그래도 아브리 블랑샤의 뼛조각에는 매일매일 변하는 달의 모양을 정성껏 새기던 그 사람들의 나지막한 콧노래가 남아 있어 그때의 이야기를 들려주고 있다.

후기구석기시대의 동굴벽화로 유명한 라스코 동굴에는 들소 두 마리가 서로 교차하며 뛰어가는 모습이 역동적으로 표현되어 있다. 들판을 질주하는 들소의 씩씩대는 콧바람 소리가 마치 옆에서 들리는 듯한 착각을 불러일으키는 이 그림에 등장하는 검은빛 들소의 실팍한 등줄기와 옆구리는 듬성듬성 붉은색으로 칠해져 있다. 이는 털갈이 시기 들소의 특징을 정확히 묘사한 것이라고 한다. 너무나 잡고 싶었던, 꼭 잡아야만 했던 사냥감 들소가 털 가는 시기를 자세히 관찰하여 그림으로까지 남긴 후기구석기시대 사냥꾼들은 확실히 계절과 시간의 변화에 주목하고 있었던 것이 틀림없어 보인다. 사냥감을 찾아 이동 생활을 했던 이들에게 동물이 이동하고 번식하는 시간의 변화를 알아야 한다는 것은 필수적인 생존의 기술이었을 것이기 때문이다.

언제나 시간은 우리 인류에게 삶 자체와 같이 중요했다. 그리고 그 시간은 언제나 흘러만 간다. 되돌아가지는 않는다. 수백만 년 전 인류가 두 발로 걷기 시작했을 때부터 더 멀게는 지구탄생 그리고 우주폭발에서부터 언제나 시간은 앞을 향해 흘러만 갔다. 우리에게 시간은 유형이면서도 무형인 존재가 아닐까 싶다.

헤밍웨이의 《노인과 바다》에서 잠자리를 찾아가는 소년과 노인이 대화하는 장면은 인상적이다. 소년이 노인에게 "할아버진 제 자명종이에요."라고 말하자 노인은 소년에게 대답한다. "내게는 나이가 자명종이지." 그리곤 되묻는다. "나이 든 사람은 왜 일찍 깨는 걸까? 하루를 그나마 좀 더 길게 보내려고?" 그러자 소년은 "저는 잘 몰라요?"라고 대답한다. 참으로 정겨운 장면이다. 어떤 때는 시간이 빨리 가기도 하고 어떤 때는 시간이 느리게 가기도 하는 궁금증에 대한 연구가 있었다고 한다. 느리게 가기도 하고 빨리 가기도 하는 시간은 마음의 시간이었다는 결론이 날 수밖에 없었을 것이다. 유형의 시간은 누구에게나 늘 똑같이 흘러가기 때문이다.

아우구스티누스는 '과거 현재 미래는 그 자체로는 존재하지 않는다. 그것들은 우리 마음속에서 모두 현재다. 과거는 지금 우리의 기억 속에서 존재하며, 미래는 우리의 기대와 전망 속에서 존재한다.'고 했다. 유형의 시간은 그저 흘러갈 뿐이지만 무형의 시간은 언제나 현재라니 참 멋진 말이다. 언제나 현재인 무형의 시간 속에서 하루하루 빗금을 새겨나가는 의미있는 유형의 시간이 되기를 소망해 본다.

반인반수, 사자인간

반인반수, 인간과 동물의 몸을 반반씩 가지고 태어난 존재에 대한 전설은 인류역사에 있어 아주 오래전부터 내려왔다. 우리가 잘 아는 그리스 로마신화에는 수많은 반인반수가 등장한다. 염소 다리와 뿔, 뾰족한 귀를 가진 사티로스를 위시해, 상체는 인간이고 가슴 아래부터는 말인 켄타우로스가 대표적인 반인반수이다. 사자의 몸을 한 스핑크스, 평창올림픽에 등장하여 많은 관심을 받았던 인면조도 반인반수이며 우리 민족의 건국신화인 단군신화에 등장하는 웅녀도 따져보면 반인반수라 할 수 있을 것이다. 바닷속 인어공주나 구미호에 관한 옛이야기들 역시 반인반수에 관한 전설들이다. 사람도 아니고 짐승도 아닌 반인반수들은 때로는 괴물 같은 흉측한 모습으로 그려지기도 하지만 대개는 인간의 지혜와 나약함을 뛰어넘은 초월적 존재로 묘사된다. 중국신화에 등장하는 신농씨는 사람의 몸에 소의 머리를 달고 용의 자식으로 태어난 신성한 중국인의 조상이다. 사람의 머리에 새의 머리를 한 가릉빈가는 부처님의 설법을 널리 펴는 신성한 존재다. 미약한 인간의 존재를 넘어 멀리 혜안의 세계에 다다르는 메신저 혹은 영도자와 같은 역할을 반인반수의 영물들에게 기대했다고 생각할 수 있다.

뭔가 신성한 존재로서의 반인반수에 대한 인류의 이미지는 이미 구석기시대부터 나타나기 시작한다. 프랑스의 트루아 프레르Trois Freres('삼형제'라는 뜻)라는 동굴에 새겨진 역동적인 존재감의 반인반수가 대표적인데 이 그림은 수많은 동물들 사이에 그려져 있음에도 불구하고 그려진 위치와 그 특이한 형태로 관람객의 시선을 한 번에 사로잡는다. 마치 춤을 추고 있는 듯한 형상을 한 이 그림 속의 사람 얼굴에는 뿔이 달려 있다. 귀는 수사슴의 귀처럼 쫑긋 솟아 있고 커다란 두 눈은 마치 올빼미를 연상시킨다. 길게 늘어뜨린 수염은 나이 먹은 노인의 그것이며 경쾌한 스텝을 밟고 있는 듯한 두 다리는 물론 사람의 다리이다. 두말할 필요 없이 반은 짐승이며 반은 사람인 신비한 존재 반인반수를 표현한 그림이다. 이 동굴을 처음 발견한 브뢰이는 이 신비로운 반인반수를 처음에는 마법사라고 생각했다. 하지만 나중에는 마법사보다 더 초월적인 존재인 신으로 믿었다. 생존을 위해 꼭 잡아야 했던 수많은 짐승들을 번식시켜서 풍요롭게 만들어 주는 신적인 존재라고 생각했던 것이다. 그림 전체를 보면 마치 이 반인반수에게서 수많은 동물들이 잉태되어 퍼지는 듯한 형상을 하고 있는 것처럼 보인다. 이 반인반수의 신비한 존재는 구석기사람들에게는 신의 옷을 입은 마법사가 아니었을까? 마법 같은 힘을 발휘하는 신이 아니었을까? 마법사든 신이든 이 초월적인 힘을 가진 존재가 마법을 부려 주위에 항상 수많은 먹을거리들이 풍요롭게 넘치는 그런 세상을 꿈꾸면서 이 신비로운 반인반수를 어두운 동굴 끝 조용한 그곳에 그려 놓았던 것은 아닐까?

트루아 프레르의 반인반수형상이 동굴 벽에 새겨진 그림의 형태로 남아 있다면 그보다 더 오래전에 그리고 더 확실한 조각의 형태로 남아 있는 것이 있으니 바로 그 유명한 'Lion Man' 사자인간이다. 사자인간은 1939년 독일 남서부의 홀레슈타인 슈타델이라는 동굴에서 발견된 약 4만 년 전의 후기구석기시대의 조각상이다. 매머드 상아를 매끈하게 다듬어 만든 이 조각상은 사자와 인간이 뒤섞인 형태로 완벽한 인류 최초의 반인반수 조각상이다. 이 사자인간은 키가 31cm로 후기구석기시대의 조각상 중에는 압도적으로 큰 크기를 자랑한다. 당당하게 편 어깨에서 쭉 뻗어 내린 두 손을 편하게 늘어뜨린 채 발끝을 살짝 들고 정면을 바라보는 이 조각상의 얼굴은 희미한 미소를 머금은 사자의 얼굴이다. 크기는 물론 형태적인 정교함까지 더해진 이 유물은 후기구석기시대의 가장 대표적인 조각품이라고 할 수 있다.

이 사자인간이 발견되고 현재의 모습으로 복원되기까지는 무려

70년의 시간이 필요했다. 2차 세계대전 직전 '위대한 게르만민족'의 찬란한 선사문화를 발굴 및 복원하기 위한 나치정권의 정치적 재정 지원 하에 진행된 고고학조사에서 발견되었다. 발굴당시에는 여러 조각으로 부서진 채 발견되어 전혀 그 모습을 알 수 없었던 사자인간은 1969년 조각난 상아파편을 맞추는 작업이 시작되면서 서서히 그 모습을 찾아가기 시작하였다. 마침내 1987년 비록 한쪽 팔이 없었지만 어느 정도 복원된 모습의 사자인간이 나타났고 이후 2008년부터 새롭게 시작된 발굴에서 확인된 파편들이 다시 짜맞춰지면서 마침내 사자인간은 그 모습을 우리에게 드러내었다. 이후 실험고고학적인 복원작업을 통해 2013년 사자인간 2.0이 탄생하게 되었다.

이 사자 인간은 발견 당시부터 한동안은 그 성별을 정확히 알지 못해 'Lion Lady'로도 불렸다. 고고학 자료의 해석에서 여성의 역할을 강조하던 당시의 고고학계 분위기에서 어깨를 쭉 편 당당한 자세가 단지 '남자'이기 때문이라는 것을 받아들이는 것보다는 차라리 여자라고 해두는 편이 더 설득력이 있었기 때문이라고 한다. 하지만 2000년대에 이루어진 몇 차례의 추가발굴과 정교한 복원작업을 통해 직사각형의 형태로 깊숙하게 새기려고 했던 흔적은 남성의 생식기를 표현하기 위한 과정이었다는 것이 인정되어 지금은 'Lion Man'이라고 불리고 있다. 희미한 미소를 띄는 신비한 모습만큼 사자인간의 발굴과정과 복원과정 역시 많은 이야기들을 품고 있다.

사자인간이 들려주는 구석기시대의 이야기는 수많은 상상의 나래를 펴게 해준다. 단지 사자의 가죽을 뒤집어쓴 인간을 표현했을 뿐이라는 주장에서부터 사자의 용맹함을 전달받고자 했던 간절한 소망의 결정체라는 해석까지 사자인간을 왜 만들었는지에 대한 해석 역시 분분하다. 한 가지 재밌는 것은 사자인간을 만들었던 슈타델 동굴의 환경이다. 이 동굴에는 특별한 거주의 흔적이 남아 있지 않았다. 이곳을 방문했었던 때의 기억을 더듬어 보면 이 동굴은 호젓한 산책로를 따라 한참 들어간 곳에 어떻게 보면 후미진 곳에 위치하고 있다. 이곳을 안내했던 독일의 실험고고학자 불프 하인은 코끼리상아를 오로지 석기만으로 다듬어 사자인간을 재현한 것으로 유명한데 그는 동굴의 위치와 동굴의 발굴 결과를 종합해 볼 때 이곳에서 사자인간을 만들었던 그 사람은 공동체의 지원을 받던 일종의 전업예술가였을 것이라고 설명한다. 생계와 관련 없이 오직 이곳에서 수백 시간에 걸쳐 오롯이 사자인간을 조각했을 그 사람에게는 먹을 것을 가져다주고 조각할 재료들을 공급해 주던 다른 사람들의 도움이 있었다는 것이다. 이미 구석기시대에 예술을 업으로 삼은 전문예술가가 존재했음을 보여주는 것이라고 말하는 불프 하인의 눈은 반짝거렸다.

이렇듯 사자인간은 동양과 서양의 신화에 무수히 등장하는 반인반수들과 마찬가지로 사람과 짐승이 결합한 하이브리드다. 이른바 이종교배의 산물인 것이다. 이종교배를 통해 창조된 새로운 존재들은 인간의 한계를 뛰어넘은 신비한 능력을 가지고 있다고 믿었던 신화의 시대로 거슬러 올라가는 이런 하이브리드, 이종교배의 욕망은 이미 구석기시대부터 그 씨앗을 잉태하고 있었던 것이다. 구석기시대의 거친 자연에 적응하던 인간에게 자연은 공포의 대상이자 힘의 원천이었다. 사자와 같은 강한 동물들은 경계의 대상이기도 했고 그 힘의 원천을 공유하고자 하는 욕망의 대상이기도 했다. 사자를 바라보는 이런 간절한 열망이 사자인간과 같은 위대한 구석기 예술품에 남아 있는 것이리라.

현대기술의 발달은 새로운 하이브리드를 창조해 내고 있다. 인간과 동물의 이종교배가 아니라 인간과 기계가 결합하는 과학기술의 시대가 찾아오고 있다. 신화 속에서 상상만으로 존재하던 하이브리드의 꿈들이 이제는 현실화되어가고 있는 것이다. 인류의 상상 속에 존재하는 반인반수들은 유발 하라리가 《사피엔스》에서 말하고 있는 인류 문명의 원동력인 이야기 그 자체이다. 그리고 그 이야기의 출발은 사자인간이 그윽한 눈빛으로 지긋이 바라보던 바로 그때 그곳에서부터 시작되었다.

동굴 속 미술관

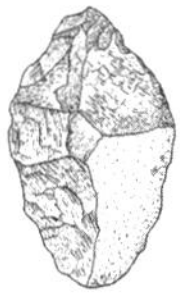

구석기시대를 야만스럽고 미개한 바보 같은 원시인들이 살았던 시대로 인식하고 있는 사람들이 많을 것이다. 하긴 원시인이 등장하는 만화나 영화에는 항상 넝마 같은 가죽떼기를 걸치고 어두컴컴한 동굴에 모여 앉아 바보스런 표정을 지으며 돼지뒷다리를 뜯는 사람들로 등장하니 그리 생각할 법도 하다. 더구나 제대로 된 도구가 없어 돌로 대충 도구를 깨서 만들던 석기 시대고 더군다나 신석기도 아니고 구석기니 이런 일반적인 인식을 무조건 탓할 수만은 없는 실정이다. 그러나 선사시대의 성 시스티나 성당으로 불리는 라스코 동굴의 장엄한 벽화들을 마주하면 구석기시대는 더이상 미개한 야만인들이 살던 시대가 아니라 뛰어난 예술작품을 남긴 우리와 같은, 어쩌면 우리보다 더 미적감성이 풍부한 사람들이 살던 시절이라는 것을 절로 느끼게 된다.

동굴벽화는 인류가 다른 동물과 비교되는 가장 중요한 특징들 가운데 하나인 예술 활동의 결정체이다. 오직 인간만이 먹고사는 문제 이외에 다른 활동 즉 예술을 한다. 수만 년 전까지 함께 살았던 또 다른 인류 네안데르탈인이 결국은 멸종하고 우리 호모 사피엔스만 살아남게 된 결정적인 이유도 이와 같은 본격적인 예술활동의 차이에서 비롯된 창의력과 적응력의 차이가 아닐까 하는 해석이 현재까지는 지배적이다. 물론 최근 들어 네안데르탈인이 남겨놓은 것으로 추정되는 동굴벽화도 발견되고 있어 주목된다. 이 동굴벽화가 정말로 네안데르탈인이 그린 것이라면 이들에게도 현생인류와 비슷한 미적 감각이 있었을 가능성을 보여주고 있는 것이어서 흥미롭다. 동굴벽화로 대표되는 본격적인 예술활동도 현생인류의 등장과 함께 어느 날 갑자기 생긴 것이 아니라 서서히 발전해 왔음을 보여주는 증거로 해석하는 것이 자연스러울 것이다.

구석기시대의 유명한 동굴벽화는 대부분 어린아이들에 의해 발견되었다. 유명한 라스코 동굴은 1940년 9월 12일 프랑스 남서부의 도르돈뉴 지방에서 발견되었다. 도르돈뉴 지방은 레제지를 비롯하여 수많은 선사시대 유적이 발견된 곳으로 구석기시대의 수도라는 별칭이 있을 정도로 많은 선사유적들이 밀집된 곳이다. 라스코를 발견한 10대 소년 네 명은 나무뿌리 구멍 사이로 빠진 강아지를 구하려고 구멍 안으로 기어 들어가면서 동굴벽화를 발견하였다. 이들이 들어간 구멍이 후에 황소의 방으로 이름 붙여진 선명한 벽화가 그려진 바로 그곳으로 연결되었던 것이다. 라스코는 1,000점이 훨씬 넘는 그림과 선으로 새겨진 조각들로 꽉 채워진 동굴 속 미술관으로 그 유명한 성 시스티나 성당의 천정화에 비견되는 구석기시대의 걸작이다. 훼손되는 동굴벽화를 보존하기 위해 관람용으로 만들어진 복제동굴 라스코 II를 방문했을 때 비록 복제동굴이었음에도 5m가 넘는 커다란 소를 고개를 치켜들고 바라보던 감동은 아직도 생생하다. 2016년 프랑스는 문화적 자존심과 국력을 모아 라스코 IV를 개관하였다. 라스코 II와 IV 사이에는 라스코 III이 있다. 이동형 전시로 만들어 전세계를 순회하며 전시를 하고 있는 움직이는 라스코동굴 박물관이다. 우리나라의 광명동굴에서 쟝 누벨이 디자인한 콘테이너박스에서 전시된 라스코동굴벽화가 바로 이 라스코 III이다. 동굴벽화를 그려준 조상들 덕에 수만 년이 지난 이때까지 후손들이 돈벌이를 하고 있으니 어두컴컴한 동굴 구석에 쭈그리고 벽화를 그리던 구석기 예술가는 이렇게 될 것을 생각하지 못했을 것이다.

스페인의 유명한 알타미라 동굴벽화 역시 아버지 사우투올라 후작의 동굴탐사에 따라나서 4살 난 어린 딸이 어른들은 쳐다보지 않았던 동굴의 천장을 바라보면서 발견되었다. 동굴에 남겨진 수많은 손바닥 그림이 3~7살짜리 어린아이들의 솜씨라는 연구도 있는 것을 보면 어린아이들의 맑은 눈으로 발견되는 동굴벽화는 참으로 신비로운 느낌까지 든다.

동굴벽화에는 주로 동물들이 그려져 있다. 빙하기의 춥고 어둡던 시기, 사냥감을 갈망하던 구석기 사냥꾼들이 '짐승들아~ 제발 잡혀 다오!'라는 간절한 소망을 담아 그림을 그렸을 것이다. 잡아야 할 동물들 그림을 정성스레 그려야겠다고 생각해서인지 동굴벽화는 동굴 입구의 그리기 편한 곳에 그리지 않는다. 수십 미터 혹은 수백 미터 깊숙한 동굴 안쪽까지 찾아들어가 거기에 소도 그리고 사슴도 그리고 매머드도 그렸다.

동굴벽화를 왜 그렸는지에 대해서는 의견이 분분하다. 앞에서 잠깐 언급했듯이 짐승사냥을 기원하는 일종의 주술적인 의미를 가지고 그렸다는 설명이 일반적이다. 어떤 그림들에서는 창에 찔리거나 화살을 맞은 동물들이 표현되어 있어 짐승을 사냥할 때는 여기에다 창을 겨누고 급소가 여기니 이곳에다 화살을 날려라 하는 사냥교과서와 같은 역할을 했을 수도 있는 주장도 있다. 어두컴컴한 동굴 한구석에 모여앉아 나이 든 선배가 은밀하고도 낮은 목소리로 전해주는 사냥수업에 귀 기울이는 갓 성인식을 치른 신참사냥꾼들의 사냥수업 광경도 떠오른다. 동굴벽화를 그린 이유에 대한 설명의 대열에는 《그리스인 조르바》를 쓴 니코스 카잔차키스도 한마디 거든다. 그는 소설에서 동굴벽화에 그려진 짐승들을 동굴벽 속에 갇힌 존재들로 묘사했다. 나를 위협하는 무서운 맹수들을 마치 마법의 저주를 내려 동굴벽화 속에 가두는 성스러운 의식의 과정에서 그려진 그림이라는 뜻이리라. 이쯤되면 동굴벽화는 성시스티나 성당의 천장에 그려진 거룩한 천지창조 못지않은 신성한 의미가 있다고 해도 그리 과장은 아닐 것이다.

동굴벽화의 성스런 이미지는 동굴벽화가 그려진 장소와도 맞아떨어진다. 프랑스의 연구자들이 동굴벽화가 그려진 동굴의 음향효과를 조사해 보니 동굴벽화들은 동굴 안에서 소리가 가장 잘 울려 퍼지는 곳에 주로 그려졌다고 한다. 어두컴컴한 동굴을 탐사하면서 소리가 가장 잘 울려 퍼지는 장소를 찾아 그곳에다가 동굴벽화를 그렸다는 설명이다. 동물그림이 그려진 동굴에서는 동물 뼈로 만든 호루라기나 피리 같은 것도 발견되어 동굴벽화와 노래, 음악이 한 세트였을 것이라는 주장에 신빙성을 더한다. 창에 찔려 피를 흘리는 동물들의 그림들도 사냥교과서와 같은 역할을 했다기보다는 희생의 제물이 되어준 동물들에 대한 고마움의 표현이 아니었을까 하는 생각도 든다.

라스코동굴 황소의 방에 그려진 5m가 넘는 커다란 짐승들 그림 앞에서 희미한 램프불을 밝혀놓고 나지막한 소리로 읊조리며 노래하는 구석기예술가 한 명이 부른 노래는 합창이 되고 그 노랫소리는 동굴 벽에 진동이 되어 램프불을 움직이게 하고 움직이는 불빛을 따라 거대한 짐승들이 흐느적거리듯이 춤을 추는 환상을 연출하는 그곳은 이미 동굴 밖 춥고 배고픈 찬바람이 불어대는 빙하기벌판이 아니라 어머니의 뱃속같이 아득하고 따뜻한 어둠이 있는 그런 곳 이었을 것이다. 동굴벽화에 점과 선으로 표현된 알 수 없는 문양이 눈을 꽉 감고 눈두덩이를 눌렀을 때 마치 섬광처럼 번쩍이는 이미지들을 표현한 것이라는 주장도 있는 것을 보면 동굴벽화가 그려진 곳은 영혼을 불러내는 환각의 장소였을지도 모른다.

동굴벽화에서 이미 원근법은 물론이고 피카소와 같은 입체파의 기법 그리고 반고흐 그림에서 보이는 점묘화의 기법들도 관찰된다. 동굴벽화를 감상을 위한 순수작품으로 그렸을 것이라는 주장도 있는걸 보면 알타미라 동굴벽화를 보고 현대미술이 이룬 것은 아무것도 없다고 탄식했다는 피카소의 심정을 이해할 만하다.

얼마 전까지만 해도 가장 오래된 동굴벽화는 프랑스의 장 마리 쇼베가 발견한 쇼베동굴로 알려져 있었다. 2014년 세계문화유산으로 지정되어 박물관을 짓고 퐁 다크 동굴유적이라는 공식명칭을 갖게 된 이곳에는 코뿔소를 향해 달려드는 동굴사자의 역동적인 모습이 절묘한 원근기법으로 그려져 있는 것으로 유명하다. 그 연대가 3만 5천 년까지 거슬러 올라가는 이 동굴벽화가 자칭 예술의 나라라는 자부심으로 똘똘 뭉친 프랑스에 있다는 것은 일견 당연한 것으로 여겨져 왔다. 한편으로 생각해보면 인류의 기원이 유럽이 아니라 아프리카라는 것이 확실해진 이 시대에도 구석기시대 이래 면면히 이어져 내려오는 예술적 감성의 표상인 동굴벽화의 기원이 유럽이라는 것이 마치 서양의 자존심을 세워주는 역할을 했던 것도 완전히 부인할 수는 없을 것이다. 하지만 오래된 동굴벽화는 서양에서만 발견되어야 한다는 자존심에 상처를 주는 발견들이 최근에 계속 이어지고 있다. 2014년 인도네시아의 술라웨시에서 3만 5천 4백 년으로 연대 측정된 야생 돼지 그림들이 발견되어 구석기시대의 동굴벽화가 꼭 서양의 전유물만은 아니라는 것이 알려지기 시작했다. 여전히 라스코나 알타미라와 같은 예술성은 현저히 떨어지는 것으로 평가하고 싶어 하지만 손바닥을 벽에 대고 입으로 물감을 뿜어 손의 윤곽을 그린 인도네시아의 루방 제리지 살레이 동굴벽화의 연대가 무려 5만 년 이상 올라가는 것으로 확인되어 주목된다. 프랑스의 쇼베, 라스코 등 교과서에 등장하는 동굴벽화는 대개 2~3만 년 전에 그려진 그림이기 때문이다. 2012년 스페인 엘 카스티요 동굴에서 발견된 동굴벽화조차 약 3만 5천~3만 7천 년 전의 손바닥 그림이고 보니 동굴벽화와 관련된 최근의 고고학 연구성과들은 남부 유럽이 인류의 전유물인 예술의 본향이라는 그간의 믿음을 무색하게 한다. 예술은 특정 지역에 살던 특정 사람들만의 전유물이 아니라 현생인류가 정착했던 세계 여러 곳에서 동시 다발적으로 생겨난 인류 공통의 유산이라는 주장이 더 힘을 얻어가고 있다.

구석기 비너스

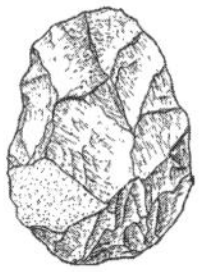

아이돌의 인기가 하늘을 찌르고 노래방에 가서 부를 수 있는 대중가요도 풍성한 요즘과 달리 텔레비전에서 흘러나오는 CM송을 흥얼거리며 따라 부르던 시절이 있었다. 하늘에서 별을 따다 준다는 음료수 CM송이나, 12시에 만나자던 아이스크림 노래는 웬만한 가요 못지않은 사랑을 받았다. 그때 그 시절 아이들이 많이 따라 부르던 노래 중의 하나가 "비너스~ 비너스~ 아름다운 비너스~"하며, 비너스가 연신 등장하는 여성내의 CM송이었다. 아이들도 따라 부를 정도였으니 광고는 말 그대로 대박을 쳤고 미의 여신 비너스를 등장시킨 여성내의는 그 후로도 꽤 오랫동안 동종업계를 평정하였고 지금도 여전히 여성내의의 대명사로 살아남아 있다.

비너스는 로마신화에 등장하는 미의 여신이다. 그리스신화에서는 올림포스 12신 중의 하나인 미와 사랑의 여신 아프로디테로 묘사된다. 제우스의 딸이라고도 하는 비너스는 우라노스의 잘린 성기에서 흐른 정액이 바닷물과 섞여 생겨난 거품에서 태어났다고 한다. 육체의 미는 마치 거품과도 같은 것이라는 것을 일깨우는 탄생신화가 아닐까 하는 생각도 든다.

프랑스 루브르박물관에는 유명한 밀로의 비너스상이 소장되어 있다. 1820년 4월 8일 에게해에 산재하는 키클라데스제도의 하나인 밀로스섬에 있는 아프로디테 신전 근방에서 밭을 갈던 한 농부에 의해 발견된 이 조각상은 프랑스 해군이 입수하여 루이 18세에게 헌납된 후 현재까지 루브르에서 보관하고 있다. 크기가 2m 조금 넘는 이 조각상은 비록 두 팔이 없는 상태로 발견 되었음에도 누가 보아도 완벽한 여인의 육체를 극사실적인 표현기법으로 조각한 걸작품임을 인정할 수밖에 없다. 그래서 망설임 없이 밀로의 비너스라는 이름이 붙여졌을 것이다.

조개껍데기에서 막 피어나는 비너스의 아름다움을 표현한 15세기 이탈리아의 화가 산드로 보티첼리의 〈비너스의 탄생〉에서 보듯 비너스는 주로 탐스러운 가슴을 드러낸 몸으로 표현된다. 건강하고 탐스러운 여인의 풍만한 몸매가 드러나는 보티첼리의 비너스의 탄생은 여인의 아름다움을 음탕한 시선으로 바라보는 것이 아니라 미의 여신인 완벽한 여성 비너스를 감상하는 행위를 통해 인간의 마음을 초월적이고 형이상학적인 세계로 끌어올릴 수 있다고 생각한 당대의 사상을 시각적으로 표현한 것이라고 한다. 기원전 1~2세기의 작품이라는 밀로의 비너스부터 15세기 보티첼리의 그림에 이르기까지 아주 오랜 시간 여성의 풍만한 육체는 수많은 예술작품의 소재가 되었다. 그리고 이런 전통은 이미 구석기시대부터 시작되었다.

구석기시대를 상징하는 아이콘으로는 주먹도끼가 대표적이지만 풍만한 가슴과 엉덩이가 도드라진 구석기 비너스라 불리는 여인의 조각상도 빼놓을 수 없는 구석기시대의 대표적인 아이콘 이다. 매머드 상아나 동물의 뼈, 돌, 흙으로 여인의 풍만한 육체를 표현한 후기구석기시대의 여성 조각상을 일반적으로 '비너스'라고 부른다. 여성의 신체를 표현한 이런 조각상들이 여성의 아름다움을 표현했다고 여기는 까닭이다. 구석기시대의 비너스는 여성의 신체 부위 중에서도 가슴, 생식기를 강조해서 표현하는 경우가 많다. 개성이 뚜렷하며 스타일도 다양하기 때문에 구석기시대의 예술활동을 대표하는 조각품이다. 남자를 새긴 조각상도 있으나 그 수는 몇이 안 된다.

구석기 비너스는 약 3만 5천 년~4만 년 전 독일 홀레펠스에서 처음으로 등장한다. 홀레펠스의 비너스는 손가락 두 마디 정도 밖에 안 되는 아주 작은 조각상인데 이미 이때부터 유난히 툭 튀어나온 가슴을 표현하고 있다. 인류 최초의 비너스도 풍만한 여체를 표현 하였던 것이다. 이 비너스상의 한쪽 끝에는 작은 구멍이 뚫린 고리가 있어서 끈에 끼어 항시 휴대하였던 펜던트가 아니었을까 생각된다. 홀레펠스

인근의 여러 유적에서는 비너스상 외에도 음계를 불 수 있는 피리, 다양한 동물조각상, 그리고 사자인간 같은 매우 특징적인 조각품등 다양한 예술품들이 만들어졌다.

빙하기의 혹독한 환경이 정점에 달하던 약 2만 6천 년 전 현생인류는 프랑스의 아키텐 분지에서 시베리아까지 넓은 범위로 퍼져나갔다. 그라베티앙이라고 불리는 이 시기에는 유사하면서도 지역적 특징을 가진 다양한 비너스가 만들어졌는데 이 비너스상의 분포범위를 통해 지역적문화권 사이에 일정규모 이상의 교류가 있었음을 알 수 있다고 한다. 이 시기의 비너스상 역시 크고 늘어진 가슴, 과장된 배와 허리 그리고 풍만한 엉덩이를 가지고 있다. 여성 생식기는 거의 예외 없이 뚜렷하게 삼각형이나 선을 그어 표현 하였다. 잘 알려진 빌렌도르프, 코스텐키, 브라상푸이 유적 등이 다 이 시기에 제작된 비너스가 출토된 유적이다. 구석기 비너스라는 검색어를 입력했을 때 가장 먼저 그리고 가장 많이 등장하는 조각상이 머리에 모자 같은 걸 쓰고 고개를 약간 숙인 채 커다란 가슴과 엉덩이가 강조되고 생식기 부분이 확실하게 표현된 튼실한 몸을 가진 조각상인데 이 비너스상이 바로 이 시기에 제작된 빌렌도르프의 비너스다.

유럽의 후기 구석기시대에 대한 연구는 역사도 길고 출토되는 유물도 다양하여 세부적으로 시대를 구분한다. 약 1만 5천 년 전 후기 구석기시대를 막달레니앙으로 부르는데 이 시기에 만들어진 비너스는 점차 도식화, 추상화된 형태다. 동굴벽화가 전성기를 이루는 이 시대에는 조각품인 비너스의 숫자가 상대적으로 줄었지만 제작수법은 다양해진다.

한편 일부 비너스상에서 보이는 직조의 흔적을 통해 구석기시대 직조 기술의 존재와 스타일을 확인할 수 있다. 특히 빌렌도르프, 코스텐키, 브라상푸이, 레스퓨그 비너스에서 보이는 모자와 옷 장식은 매우 중요하다. 비너스의 문양 조각에도 이렇게 공을 들였는데 실제 생활에서 직조기술은 얼마나 정밀했는지 짐작할 수 있다. 후기구석기시대 생계 활동에서 매듭과 직조 기술이 이미 중요한 위상을 차지하고 있었음을 알 수 있는 대목이다. 이미 후기구석기시대에 가죽옷 이외에 다양한 직물들로 옷을 만들어 입었다는 사실을 자신들의 몸을 새긴 구석기 비너스들을 통해 알 수 있다.

그렇다면 구석기시대 사람들은 왜 비너스를 만들었을까? 가장 고전적인 해석으로는 다산, 풍요, 생식력이 있다. 다수의 비너스에서 표현된 과장된 가슴과 풍만한 배가 만삭의 여성을 자연스레 떠올리게 하기 때문이다. 구석기시대의 출산은 산모와 아이 모두에게 매우 위험한 통과의례였다. 태어나면서 죽는 아이가 많았고 산모 역시 출산 과정에서 사망하는 경우가 많았다. 사회를 유지하기 위해서는 건강하고 안전한 출산이 매우 중요했다. 풍만한 구석기 비너스의 몸매가 다산의 성공과 이를 통한 집단의 풍요를 기원하기 위한 것이라는 해석이 가능한 대목이다. 사실 고고학자료에서 해석이 여의치 않은 경우 의례나 다산과 풍요 같은 의미로 해석하려는 경향이 있는데 이에 대한 비판적인 관점에서 과연 후기구석기시대의 수렵채집 집단에서 다산이 필요했겠느냐는 지적도 있다. 현대의 수렵채집 집단에서는 이동생활의 편의를 위해 의도적으로 출산을 통제하여 적절한 규모의 집단을 유지하려고 하기 때문이라는 것이다.

구석기 비너스가 여성의 육체적 아름다움을 표현한 '구석기 포르노'라는 해석도 있는데 동굴벽화를 순수예술품이라고 보는 시각과 일맥상통하는 인식으로 보인다. 하지만 여성을 바라보는 남성의 시각에만 근거한 해석이어서 문제가 있다는 지적도 있다. 최근에 강조되는 여성의 역할에 대한 재인식의 관점에서 구석기 비너스는 그것을 만든 여성의 자화상이라는 해석과 함께 비너스에 새겨진 의복이나 직조의 흔적을 통해 구석기 사회에서 여성의 역할을 강조하기도 한다. 이외에도 구석기 비너스를 부적, 장신구, 놀이감, 의식용 도구, 대모신 등으로 다양하게 해석하기도 한다.

후기구석기시대 여러 곳에서 다양한 형태의 비너스가 만들어지는데 하나하나의 구석기 비너스에는 그것을 만든 사람들의 다양한 이야기가 스며들어 있다는 점에서 구석기 비너스가 여러 가지 의미를 가지는 것은 당연할 것이다. 구석기 비너스는 오늘날 우리가 생각하는 종교적인 의미까지는 아니더라도 자연에 대한 기원, 의식을 위한 도구, 행운을 위한 일종의 부적 같은 역할도 했을 것이다. 전설의 흰고래 모비딕을 향한 광기로 충만한 에이허브선장의 포경선에 합류한 작살잡이 퀴퀘그가 소중히 간직하며 의지했던 조각상 '요조'처럼 말이다.

그럼에도 삶은 계속된다

서안의 진시황릉을 방문했을 때 그 엄청난 규모에 놀랐던 기억이 난다. 마치 살아있는 듯한 병사용들과 지축을 박차고 뛰어오를 것 같은 마용들을 보면서 참으로 대단한 진시황이구나 하면서도 한편으로 얼마나 죽음을 두려워하고 죽기가 싫었으면 자기 무덤을 이리도 호화롭게 꾸몄을까 하는 가련한 생각도 들었다. 죽음 너머의 저세상에 대한 막연한 두려움에 떨며 눈을 감았을 진시황은 과연 어떤 사후세계를 경험했을까? 인간은 언제나 미지의 것, 자기가 모르는 것에 두려움이 있다. 어떻게 대비해야 할지 전혀 준비하거나 연기할 수 없는 게 죽음이 아닐까 싶다. 그리고 누구나 죽는다. 구석기시대 이래 수없이 많은 사람들이 이 세상에 태어났지만 결국은 모두 죽었다. 단 한 명도 죽는다는 경험을 겪지 않을 수 없다. 그리고 우리는 여전히 죽음에 대해 아는 것이 별로 없다. 사후세계에 대한 정보는 여전히 과학적으로는 입증되지 않는다. 사람은 죽음 이후의 세상에 대한 두려움과 경외심을 안고 산다. 이런 죽음과 사후세계에 대한 복잡한 감정들이 종합되어 결국은 종교가 탄생한 것이리라.

물론 동물들도 죽음에 대한 본능적 감각은 있겠지만 타인의 매장이라는 방식으로 죽음을 애도하고 죽음과 사후세계에 대한 관념을 가진 것은 인류뿐이다. 한 사람의 인생은 죽음으로 끝나지만 남겨진 사람들은 죽은 이의 떠남을 슬퍼하고 부대끼며 같이 살았던 이곳과는 다른 세상에서 또 다른 삶을 평화롭게 이어가기를 바란다. 그래서 무덤을 만들고 부장품을 넣어주고 잘 묻어준다. 이런 죽은 이와의 이별의식이 장례이며 매장이다. 죽은 자를 잘 묻어준 매장유구를 보면 죽음 이후에 대한 생각을 읽을 수 있다. 죽은 자를 잘 묻어주는 매장풍속은 10만 년을 전후한 중기구석기시대부터 나타난다. 이때부터가 진정한 의미의 인간성이 발현되기 시작하는 시기라고도 할 수 있다. 매장유구는 인간이 된다는 것은 과연 어떤 의미인가에 대해 많은 시사점을 던져 준다.

인류역사에서 진정한 의미의 매장은 호모 사피엔스와 호모 네안데르탈렌시스 단계에서 나타난다. 약 700만 년 전 고인류가 두 발로 서기 시작한 이래 수백만 년이 지난 후에야 비로소 죽은 자를 잘 묻어주는 매장의식이 생겨나기 시작했다. 약 10만 년 전 중기구석기시대에 이르러서야 나타나는 매장이 동굴에 죽은 이의 시신을 잘 안치하는 정도였다면 후기구석기시대에 들어서는 바닥에 구덩이를 파서 무덤을 만들고 무덤 바닥에 뼈나 돌을 까는 등으로 무덤을 만드는 방식이 세심해진다. 그야말로 살아서 사는 집처럼 죽어서도 사는 집을 만들기 시작하는 것이다. 시신과 함께 묻힌 구슬과 상아 등 많은 부장품들이 이들의 영적 세계와 죽음 이후의 세계에 대한 소위 내세관을 말해준다.

남프랑스 라 샤펠 오생 유적에서는 사망 당시 나이가 약 60세로 추정되는 네안데르탈 노인의 무덤이 발견되었다. 시신의 머리 주변에 돌을 쌓았고 무덤내부에서는 석기도 발견되었다. 이 무덤의 주인공인 노인은 치아가 거의 다 빠진 상태였다. 뼈에는 관절염의 흔적도 남아 있었다. 치아도 빠지고 관절염에 걸려 온몸이 성한 데가 없는 노인이 어떻게 지금도 적지 않은 나이인 60여 세까지 살 수 있었을까? 아마도 노인을 잘 돌봐준 사람들이 옆에 있었기 때문에 가능했을 것이다. 네안데르탈인은 거친 환경 속에서 살았던 사람들인데 그래서인지 네안데르탈인의 뼈에는 여기저기 부러졌던 흔적이 남아 있다. 그 부상 정도가 현대 스포츠 중 가장 부상 정도가 심하다는 로데오선수가 입는 부상 정도라고 하니 시쳇말로 팔다리뼈 한두 군데 부러져야만 네안데르탈인이라고 할 수 있을 정도다. 하지만 부상당하고 노인이 되어 정상적인 삶을 살 수 없었던 구성원들까지 함께 잘 돌봐주었던 네안데르탈인 집단의 공동체 의식과 사회성에서는 더이상 난폭한 원시야만인의 이미지를 찾을 수는 없을 것이다.

이탈리아의 아레네 깡디드에서 발견된 '다람쥐 모피를 입은 아이'라는 별명을 가진 어린아이의 매장유구에서는 애틋한 부모의 사랑이 넘쳐난다. 6살 정도된 아이가 죽자 엄마 아빠는 수십 마리 다람쥐를 잡았고 그 꼬리를 잘라 폭신한 망토를 만들어 입혀서 잘 묻어주었다. 아이의 머리맡에는 아이가 가지고 놀던 돌로 만든 실로폰, 조개껍데기 같은 장난감이 놓여있었다. 붉은색 흙을 정성스럽게 뿌린 이 아이의 유골을 바라보고 있으면 조개껍데기로 소꿉장난을 하며 뛰어 놀았을 사랑하는 아이를 보내는 엄마의 애절한 목소리가 들리는 듯하다.

이탈리아 리구리아 사보나에 있는 동굴의 후기구석기시대 매장유구에서 발견된 인골은 키가 170cm나 되는 12~14세가량의 청소년으로 다양한 부장품과 화려한 치장으로 구석기시대의 '어린왕자'라는 별명을 얻었다. 머리에는 수백 개의 조가비에 구멍을 뚫어 만든 모자를 썼고 목걸이는 물론이고 왼팔에는 조가비로 만든 팔찌 두 개를 차고 있었다. 무릎뼈 옆에는 상아로 만든 오뚜기 모양의 걸개역할을 하는 장식품이 좌우 대칭으로 남아 있어 상아로 장식한 가죽장화를 신었던 것으로 추정된다. 오른손에는 25cm 넘는 기다란 플린트제 돌날을 쥐어 주었는데 마치 신라고분의 황금보검을 연상케 한다. 이 아이가 자라던 약 2만 5천 년 전의 후기구석기시대 마을사람들은 어설픈 걸음걸이로 '우가우가' 하는 원시인이 아니라 사후세계의 생활까지 관념적으로 생각하는 사람들이었다.

러시아 숭기르 유적에서는 후기구석기시대 무덤 4기가 주거지 주변에서 확인되었다. 숭기르의 추장으로 불리는 성인남자와 두 명의 청소년기의 아이들 무덤에는 엄청난 양의 부장품이 함께 매장되어 있어 유명하다. 추장의 무덤 주인인 성인남성은 사망 당시 추정 나이가 50~65세로 보이며 두 손을 가지런히 모은 자세로 머리는 북쪽을 향해 누워 있었다. 시신 위에 뿌린 붉은 황토는 후기구석기시대의 매장의례와 연관된 중요한 요소이다. 이 추장이라 불리는 남자는 무려 2,936개의 상아 구슬로 장식한 옷과 북극여우 송곳니로 치장한 모자를 쓰고 있었던 것으로 보이며 팔에는 상아로 만든 스물다섯 개의 팔찌를 차고 있었다. 일부는 검은색을 칠하기도 한 이 매머드상아로 만든 장식품을 제작하는 데는 약 3,000시간이 걸렸을 것이라고 한다. 시신에게 입힌 화려한 의상과 장신구들을 만들기 위한 제작시간을 근거로 이미 후기구석기시대의 수렵사회에서부터 신분을 달리하는 계급이 있었다고 주장하기도 한다. 오랜 시간 공들여서 만든 상아 장식품들은 이 남자와 함께 묻힌 것으로 추정되는 아이들이 죽기 오래전부터 만들기 시작된 것으로 이른바 순장을 시사하는 것이라고 주장하는 학자들도 있다. 고대 이집트나 중국 같이 이미 복잡해진 사회구조를 갖추기 시작한 사회에서 발견되는 순장풍습이 후기구석기시대의 수렵채집사회의 유물에서도 확인된다는 주장인데 문화는 기본적으로 축적되는 것임을 생각해 볼 때 순장의 기원이 후기구석기시대까지 올라간다는 주장이 그리 터무니 없어 보이지는 않는다.

마을의 위대한 영도자가 거룩한 죽음을 앞둔 그 시점부터 고르고 뽑힌 두 명의 아이들은 추장과의 저승길 동행을 위한 특별한 수업을 받기 시작하고 이 아이들을 위해서 여러 명의 숙달된 장인들이 동원되어 수천 개의 상아구슬을 깎고 다듬으면서 지도자를 떠나 보내고 그 길을 함께 걸어갈 아이들과의 이별의식을 준비했을지도 모른다. 그 의식은 죽은 자를 위한 것이면서 살아남은 사람들을 위한 성대한 잔치가 아니었을까? 죽음을 두려워하며 거대한 무덤을 준비하던 진시황의 애절함은 수천 개 상아구슬을 깎을 것을 명령하던 숭기르 추장의 절박함과 맞닿아 있을 것이다. 죽은 자는 말이 없으니 그 정확한 내막을 알 수는 없지만 함께 죽음을 준비하는 그 아이들을 생각하면 참으로 애틋하다. 그 아이들은 기뻤을까? 슬펐을까?

Music is Life

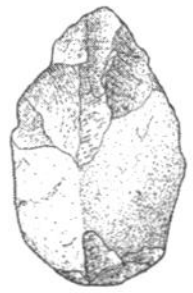

100명이 넘는 심포니 오케스트라가 연주하는 클래식 명곡들을 듣고 있노라면 마치 하나의 커다란 악기가 내는 소리라는 착각을 하게 된다. 관악기, 현악기, 타악기가 어우러진 오케스트라에 붙는 심포니라는 이름은 함께 울린다는 뜻을 가지고 있다고 하니 오케스트라가 하나의 악기와 같은 소리를 내는 것은 당연해 보인다. 오히려 여기저기서 불협화음이 들린다면 그것은 심포니 오케스트라가 아니라고 할 수 있을 것이다. 함께 하나의 소리를 낼 때 비로소 아름다운 음악이 만들어지는 것이다.

오늘날 오케스트라에 등장하는 악기들은 크게 관악기, 현악기 그리고 타악기로 구분된다. 관악기는 관을 입으로 불어서 관 속의 공기를 진동 시켜 소리를 내는 악기를 말한다. 멋들어지게 불어 젖히는 색소폰이나 트럼펫 같은 악기들이 관악기를 대표한다고 할 수 있다. 바람을 불어 넣어서 소리를 낸다는 의미에서는 휘파람이나 풀피리 같은 것도 관악기라고 할 수 있다. 휘휘 휘이휘, 자유자재로 음을 타는 휘파람 명인의 휘파람 소리는 사실 관악기의 정교한 연주에 못지않다. 나뭇잎 하나로도 명곡을 연주할 수 있다는 점을 생각해 볼 때 가장 오래된 악기의 타이틀은 아무래도 관악기가 가져갈 확률이 높다.

그래서인지 구석기시대의 악기로 알려진 유물들의 대부분은 피리 종류의 관악기이다. 인류가 언제부터 음악을 했는지는 여러 가지 방식으로 추론이 가능하지만 음악의 기원과 관련된 가장 직접적인 고고학적 증거는 발굴조사를 통해 출토된 악기다. 물론 악기를 만들지 못했던 고인류들도 처음에는 손으로 손뼉을 치거나 몸을 때리며 박자를 맞추고 나뭇가지를 두드리며 운율에 따라 읊조리듯 노래했을 것이다. 하지만 이런 형태의 음악은 무형의 것이거나 설혹 남았더라도 자연 상태의 소리와 쉽게 구분할 수 없다. 그래서 음악의 기원은 지금까지 발견된 악기 중 가장 오래된 악기의 연대와 관련이 있다고 할 수 있다. 학자들에 따라 다소 이견은 있지만, 현재까지 발굴된 악기 중에 가장 오래된 악기로 손꼽을 수 있는 것은 슬로베니아 디제바베Divje babe유적에서 출토된 동굴곰의 넓적다리 뼈로 만든 플루트다.

약 4만 3천 년 전에 만든 이 플루트에는 2개의 구멍이 뚫려 있다. 정확히는 현재 남아 있는 부분에서는 2개의 구멍만이 확인된다고 할 수 있다. 하지만 2개의 구멍이 남아 있는 상태로 보아 최소한 4개의 구멍이 뚫려 있었던 것으로 보이며 어쩌면 현대의 피리와 같이 여러 개의 구멍이 뚫려있던 악기의 한 부분일지도 모른다는 것이 대다수의 학자들이 주장하는 바다. 발굴 초창기에는 이 두 개의 구멍이 동물의 이빨 자국일지도 모른다는 생각도 꽤 많은 지지를 얻었다. 그 유명한 레이먼드 다트가 발견한 오스트랄로피테쿠스의 두개골에 남아 있던 표범 이빨자국처럼 말이다. 하지만 이 동굴곰 넓적다리뼈에 남아 있는 두 개의 구멍이 동물이 물어뜯은 흔적이 아닐까라는 추리는 이제는 아예 접어놓는 것이 좋을 것 같다. 고고학자들이 구멍의 형태, 뼈 속에 남아 있는 골수의 상태 등등 증거들을 종합해서 이 구멍은 정교하게 계산되어 뚫린 구멍이라는 것이 밝혀냈기 때문이다. 무슨 말인가 하면 뼛속에 꽉 차있던 골수 부분을 깨끗이 긁어내고 마치 드릴 같은 역할을 하는 석기로 돌려가며 구멍을 뚫었다는 것이다. 육식동물이 꽉 물어서 생긴 구멍과는 확연히 구별된다는 것을 밝혀낸 것이다. 관악기인 피리는 소리를 불어넣어 소리를 내야하므로 속에 골수가 꽉 차 있어 가지고는 소리를 낼 수가 없기 때문에 우선 속을 조심스럽게 파냈을 것이다.

한 가지 재밌는 것은 이 플루트에 뚫려있는 구멍의 간격으로 보아 이 악기는 단조에 가까운 음을 낼 수 있었던 것으로 보인다는 점이다. 단조는 단음계로 이루어지는 조로 일반적으로 어둡고 슬픈 느낌의 표현에 적합하다. 인류 최초의 악기가 밝고 경쾌한 소리를 내는 장조의 음을 경쾌하게 낼 수 있는 악기가 아니라서 섭섭할 수도 있겠지만, 애잔한 단조의 음악을 들을 때 차분해지는 감정을 떠올린다면 최초의 악기가 왜 단조로 출발했는지도 이해는 간다. 실제로 구석기시대의 피리들을 재현해서 연주한 곡을 들으면 흡사 잉카 고유의 피리로 연주한 엘 콘도르 파사처럼 애절한 소리가 난다.

이 플루트가 네안데르탈인이 남긴 것인지 아니면 호모 사피엔스가 남긴 것인지 학자마다 약간의 이견이 있지만, 슬로베니아의 국립박물관에서는 네안데르탈인의 플루트라는 이름표를 달고 전시되고 있다. 우리와 같은 사람, 호모 사피엔스뿐만 아니라 네안데르탈인도 음악을 향유했을 것으로 추정되는 가장 결정적인 증거이다. 최근 들어 네안데르탈인의 예술 활동에 대한 새로운 사실들이 속속 확인되는 점을 상기해 보면 네안데르탈인이 음악을 즐겼다는 점은 별로 낯설게 다가오지 않는다. 오히려 네안데르탈인과 이 플루트로 연주하는 애잔한 단조 음악이 왠지 더 잘 어울릴 것 같다는 느낌도 든다.

이 디제바베의 곰 다리뼈로 만든 피리는 그 투박한 형태와 두꺼운 뼈의 상태 때문에 처음 발굴되었을 때는 이것이 정말 악기인지 아니면 늑대나 하이에나가 물어뜯은 뼛조각인지 하는 논쟁이 있었던데 반해 독일 가이센클뢰스테를레 유적에서 발견된 플루트는 날렵한 백조의 척골로 정교하게 만들어서 악기라는 점을 의심할 수가 없다. 새의 척골은 척추동물의 앞다리가 변형된 것으로 날개뼈를 이루는 중요한 부분이다. 새 뼈는 속이 비어 있어 하늘을 날기에 유리하다. 골수로 꽉 찬 튼실한 곰의 넓적다리뼈보다는 피리를 만들기에 훨씬 적합한 재료라고 할 수 있다. 아무래도 하늘을 나는 새까지 잡을 수 있는 사냥술이 발달하면서 악기를 만드는 신소재를 손에 넣을 수 있었을 것이다. 이 가이센클뢰스테를레 유적 플루트의 연대는 약 3만 6천 8백 년 전으로 측정되었다. 한편 이 유적에서는 손가락 두 개 정도 크기의 매머드 상아조각에 두 팔을 들고 마치 춤을 추고 있는 듯한 사람의 모습을 정교하게 새긴 조각상도 발견되었다. 백조 날개뼈로 만든 피리를 연주하며 두 손을 들고 느릿느릿 춤을 추고 있던 사람이 아닐까 하는 상상을 해본다.

독일의 홀레펠스 동굴에서 발견된 플루트도 독수리의 날개뼈처럼 아예 속이 빈 뼈를 이용해서 만들었다. 역시 악기를 만드는 재료가 진일보했음을 보여 주는 유물이다. 2008년에 발견된 홀레펠스의 플루트는 길이가 약 21cm, 지름이 약 8mm이고 5개의 구멍이 남아 있었다. 듣기 좋은 소리를 내기 위해서 아주 정성스럽게 플루트를 가공한 흔적이 잘 보인다. 이 플루트의 제작자는 날개를 쭉 펴면 그 크기가 2m가 넘는 그리폰 독수리의 날개뼈를 재료로 선택했다. 오랜 시간 활강하는 이 독수리의 날개뼈는 속이 비어서 바람을 불어넣어 소리를 내기 좋았으며 매우 단단해서 플루트를 만들기 위해 석기로 구멍을 뚫기에도 적합한 최고의 재료였다. 실제로 복원해서 연주한 홀레펠스의 피리 소리 역시 낮은음의 허스키보이스에 가까운 애잔한 소리가 났다.

홀레펠스에서는 매머드 상아로 만든 플루트도 발견되었다. 이 매머드 상아로 만든 플루트는 단단한 매머드 상아를 아주 정교하고도 세심하게 반으로 쪼개서 골수로 가득찬 속을 파내고 다시 두 쪽을 합쳐 공기가 새지 않게 꽉 묶어서 결합한 뒤 구멍을 뚫어서 만들었다. 매머드 상아를 가공하는 것은 현대의 도구를 써서도 쉽지가 않은 작업임을 감안해 볼 때 적어도 수백시간의 공을 들여 이 플루트를 완성했을 것이다. 이 플루트를 만든 사람은 아마도 구석기시대의 스트라디바리우스 같은 명인이었을 것이다.

홀레펠스 동굴의 꼭대기에서 넓게 펼쳐진 스와비아의 대지를 내려다본 적이 있다. 야트막한 봉우리들 사이로 작은 시냇물이 흐르는 곳이었다. 저절로 콧노래가 흘러 나올법한 그런 아름다운 풍경이었다. 저녁 해가 뉘엿뉘엿 넘어갈 때 독수리 날개뼈 플루트를 꺼내들고 연주하던 구석기 사냥꾼의 모습이 그려지는 멋진 곳이었다.

그렇다면 음악을 연주한다는 것을 어떤 의미일까? 온종일 사냥을 하고, 채집을 하고, 힘들게 여기저기 돌아다니다가 저녁이 되어 온 가족이 다 함께 동굴에 모여앉아 모닥불을 피워놓고 맛나게 구워진 사슴고기를 먹어가며 두런두런 그날 있었던 일들을 얘기하다가 누군가 플루트를 연주하면 그것을 감상하고 따라하는 복잡한 사회구조를 이미 그 시대에 갖추고 있었다는 것을 의미한다. 이들이 만들어낸 하모니는 저녁 먹고 둘러앉아 〈열린음악회〉를 시청하며 즐거워하는 우리와 크게 다르지 않다. 큰아들의 바이올린 연주와 막내딸의 피아노 연주에 다 함께 노래하며 행복해하는 영화 속 현대가족 모습과도 별로 다르지 않은 그런 모습이다. 나지막이 각자의 플루트로 음을 맞추던 그 사람들은 비록 심포니 오케스트라는 아니었지만 다 함께 한마음으로 한 음을 만들어 내던 구석기 심포니안들이었다.

구석기시대 백남준

사람을 다른 동물과 구분하는 가장 결정적인 특징을 두 가지만 들라고 하면 하나는 직립보행이고 또 다른 하나는 예술활동이라고 할 수 있다. 두 발로 일어서는 직립보행의 발달 과정은 인류의 체질적인 진화과정을 보여주고, 동굴벽화를 그리거나 비너스 조각상을 새기는 예술 활동의 발전 과정은 인류의 문화적인 진화과정을 반영하고 있기 때문이다.

수백만 년 전 두 발로 일어서는 직립보행을 선택한 인류에게는 손의 해방이라는 특별한 선물이 쥐어졌다. 이동수단에서 벗어난 두 손으로 인류는 도구를 만들었다. 해방된 두 손은 사냥하고 채집을 하는 인류의 생존 활동에 크게 기여하였다. 만일 초기 인류의 적응과정에서 직립보행이 없었다면 여전히 두 손은 이동을 위한 수단으로 머물러 있었을 것이며 우리는 지금의 우리와는 전혀 다른 수많은 네발동물 중의 하나로 지구에서 살아가고 있을지도 모른다. 두 발로 일어선 인류는 수백만 년 후 생존과는 직접적인 관계가 없어 보이는 예술을 창조하게 된다. 예술을 한다는 것은 인류가 다른 동물들과는 달리 먹고 사는 문제 이외의 창조적인 활동을 하는 유일한 생명체임을 증명해 준다. 예술 활동 역시 직립보행으로 자유로워진 두 손 즉 도구를 만들고 사용할 수 있었던 두 손이 있었기 때문에 가능하였다.

수백만 년 전 생존의 기로에 선 인류가 고안해낸 최초의 도구인 석기는 지금의 시각에서 보면 그저 하찮아 보이는 돌조각에 불과하다. 하지만 석기는 인류의 생존을 좌우한 인류 최초의 발명품이었다. 보잘것없어 보이는 돌날로 짐승의 가죽을 벗겨내고 살코기를 먹을 수 있게 되면서 환경의 변화에 발 빠르게 적응할 수 있었다. 오랜 시간에 걸쳐 보다 정교한 석기를 만들고, 불을 자유자재로 다루고, 토기를 만들어내고 청동기와 철을 이용하는 단계를 넘어 플라스틱의 시대에 이르기까지 인류는 끊임없이 기술을 개발하고 삶의 질을 높이기 위한 도구를 만드는 과학기술을 발전시켜 나갔다. 두 발로 일어서는 선택을 했던 우리의 조상 덕에, 비록 수백만 년의 시간이 걸렸지만, 인류는 지구라는 영역의 한계를 뛰어넘어 우주선을 쏘아 올리는 과학기술을 발전시키는 경지에까지 이르게 되었다.

과학기술의 발전 과정에서 만들어낸 여러 가지 도구로 인류는 예술이라고 하는 창의적인 활동을 시작하게 된다. 짐승의 가죽을 찢어 내던 석기로는 바위에 문양을 새겨 그림을 그렸고 매머드 상아를 깎고 다듬어 구석기 비너스 조각상을 만들었다. 불을 피우던 화덕에서 흙이 단단하게 굳어진다는 사실을 깨달게 된 인류는 도자기라는 예술 세계로까지 흙의 지평을 넓힐 수 있었다. 광물에 대한 지식은 동굴벽화를 그리는 화가의 손끝에서 색깔을 내는 물감으로 재탄생 되었다.

과학기술을 뜻하는 영어단어 'Technic'은 기술, 과학, 예술의 의미를 가진 고대 그리스어인 'Techné'에서 기원하였다고 한다. 기술을 뜻하는 독일어의 'Kunst' 역시 기술, 기능, 인공 등의 뜻과 함께 예술, 미술, 문예의 의미를 지니고 있다. 예술을 뜻하는 영어 단어 'art'의 사전적 의미가 'the skill of drawing or painting'이라는 점을 생각해 볼 때 예술과 기술은 분리된 것이 아니라 기술에 미적인 것이 반영된 것이 바로 예술이라는 것을 알 수 있다. 모나리자로 유명한 레오나르도 다빈치는 그림만 그렸던 화가가 아니라 새로운 것을 창조하고 발명하는 과학자이자 기술자이기도 했다.

인류의 기술이 비약적으로 발전하는 후기구석기시대부터 예술 활동이 본격적으로 대폭 늘어나기 시작하였다는 점을 상기해 볼 때 결국 기술의 발달과 예술의 발전은 밀접한 상호 관계가 있음을 알 수 있다. 매머드 상아를 깎아 비너스상을 만들던 구석기 예술가의 두 손에는 당시 후기구석기시대에 등장한 석기제작기술의 혁신 중의 하나인 뷰린burin이라는 도구가 들려 있었다. 뷰린은 끝부분이 마치 새의 부리처럼 날카롭게 구부러진 석기로 조각도의 기능을 하는 '새기개'라는 석기다. 이런 특별한 모양으로 석기를 만들 수 있다는 것은 이전의 석기제작기술보다 매우 진일보한 기술적 진보가 있었음을 의미한다. 구석기 조각가의 두 손에 이 뷰린이 들려 있었기 때문에 단단한 매머드 상아를 다듬어 세밀하게 조각할 수 있었다. 주먹도끼가 아무리 구석기시대의 만능도구라고 하더라도 투박한 주먹도끼로 비너스 조각상을 정교하게 조각할 수는 없다. 독수리의 날개뼈에 구멍을 뚫어 음악을 연주할 수 있는 플루트를 만들기 위해서도 간격에 맞게 알맞은 크기의 구멍을 정밀하게 뚫을 수 있는 뚜르개라는 석기가 필요했다. 세분화되고 정교한 작업을 할 수 있는 석기를 만들어 낼 수 있는 기술이 등장했기 때문에 비로소 원하는 예술활동을 할 수가 있었다. 아무리 비너스 조각상을 새기고 피리 구멍을 뚫고 싶어도 적절한 도구가 없으면 원하는 모양대로 만들 수가 없으니 예술 활동을 할래야 할 수가 없다.

유리 제조법 역시 토기를 만들기 위해 여러 가지 재료를 가지고 작업을 하던 과정에서 우연히 발견되었다. 유리제조법을 알게 된 사람들은 유리를 만드는 과정에 여러 가지 다른 금속 산화물을 넣으면 다양한 색깔을 얻을 수 있다는 것도 터득하였다. 다양한 색깔을 내는 유리들은 다양한 예술작품의 소재로 사용되었다. 이처럼 새로운 소재, 새로운 도구는 새로운 예술 장르를 만들어 내는 경우가 많았다.

경기도 용인의 백남준아트센터 2층에는 생전에 백남준이 작업하던 뉴욕의 작업장을 통째로 옮겨와서 전시하고 있다. 각종 공구며 전선들이 흐트러져 있는 이곳은 예술가의 작업실이라기보다는 마치 고장 난 전자제품을 고치는 전파사를 연상시키는 곳이다. 이곳에서 20세기를 대표하는 비디오예술의 대가 백남준의 주요 작품들이 탄생되었다. 백남준이 누구인가? 그는 비디오예술의 창시자로서 당시 과학기술의 결정체인 비디오카메라로 찍은 영상들을 독창적인 예술작품으로 재창조하여 비디오 예술의 진화를 앞장서 이끈 현대미술의 선구자이다.

백남준은 자신의 실험적인 예술 활동인 비디오아트를 더욱더 구체적으로 실현하기 위해 '아무도 모르는 초특급 전자연구 비밀 스튜디오'라는 연구소를 겸하는 작업실을 차려 놓고 텔레비전의 브라운관에 전류를 흘려보내며 영상을 왜곡시키는 실험을 반복했다. 백남준다운 연구소 작명이다. 이 연구소에서 백남준은 고압 전류에 몇 차례 죽을 고비를 넘기면서도 마침내 그만의 기술력을 터득하여 수많은 비디오아트의 명작들을 남길 수 있었다. 백남준의 비디오아트는 기술의 변화와 발전이 새로운 예술장르를 탄생시키는 과정을 잘 보여준다. 비디오카메라라는 새로운 기술이 등장했기 때문에 백남준의 비디오아트는 가능했고 그 기술을 충분히 습득하고 이해한 예술가가 있었기 때문에 완성될 수 있었다. 4만 년 전 후기구석기시대, 매머드상아 조각을 깎고 다듬으며 수백 시간이 걸린 어려운 작업 끝에 구석기 예술의 걸작품인 '사자인간'을 만들었던 구석기 예술가의 독일 슈타델 동굴 작업실에는 그 당시 새롭게 등장한 기술혁신인 돌날제조기술을 익힌 장인이 매머드상아를 깎기 위한 조각도를 만들기 위해 깨어낸 돌조각이 어지럽게 흩어져 있었을 것이다. 마치 새로운 비디오예술 작품을 만들기 위해 브라운관을 분해하여 늘어놓았던 백남준의 뉴욕 작업실처럼 말이다.

자연의 모습을 그대로 재현해내는 역할에 머물렀던 초기의 사진은 예술가의 영혼이 깃들어 있지 않은 기계적인 공정의 결과물일 뿐이어서 예술가의 회화와는 결코 비교될 수 없다고 여겨졌다. 하지만 과학기술의 발전으로 사진으로 표현할 수 있는 영역과 대상이 극적으로 확대되면서 사진은 이제 아무도 의문을 품지 않는 새로운 예술 장르로 정착하였다. 디지털카메라의 보급으로 인류의 등장 이래 사진예술은 가장 많은 사람이 동참하는 예술 장르가 되었다. 이렇듯 새로운 기술의 등장은 새로운 방식의 예술 활동을 탄생시키며 인류의 지적 호기심을 충실히 채워주는 역할을 하고 있다.

최근 인공지능 분야의 놀라운 발전은 새로운 과학기술의 등장이라는 점에서 예술분야에도 커다란 충격을 줄 것으로 예상된다. 인공지능이 인간만의 창조적인 영역으로 여겨지던 예술의 영역에 앞으로 어떤 영향을 줄 것인가 매우 흥미로우면서도 중요한 주제다. 새로운 기술의 등장이 새로운 예술분야를 만들어 내는 과정에서 기술을 지배하는 주체는 언제나 인간이었다. 현대의 예술가들 역시 새로운 과학기술인 인공지능을 활용하여 새로운 예술 분야를 창조할 가능성이 크다. 인공지능을 활용한 새로운 장르의 예술작품을 만나고는 싶지만, 인공지능의 시대에도 지금까지 그래 왔던 것처럼 계속 인간이 기술을 지배하길 바랄 뿐이라는 것이 솔직한 심정이다.

구석기통신

매머드는 선사시대의 인기스타다. '넘사벽' 공룡이 있지만 공룡의 전성기는 머나먼 중생대로 매머드와는 활동 시기에 많은 차이가 있다. 더군다나 매머드는 사람과 함께 살았던 동물이다. 공룡을 사냥하는 원시인이 등장하는 영화도 있지만 아쉽게도 상상의 세계에서나 가능한 일이다. 공룡과 달리 매머드는 사람과 함께 살았던 거대한 동물이다. 비록 지금은 사라진 신화 같은 존재이지만 매머드가 인기스타로 존재할 수 있는 이유일 것이다. 매머드보다는 맘모스가 친숙한 이름이던 시절도 있었는데 영어표기법이 자리를 잡으면서 일본식 발음인 맘모스에서 원어발음에 가까운 매머드가 표준어가 되었다.

매머드는 약 480만 년 전부터 약 4천 년 전까지 존재했던 포유류인데, 코끼리와는 달리 온몸이 북실북실한 털로 뒤덮여 있다. 빙하기의 혹심한 추위에도 잘 견딜 수 있게 털이 자란 것으로 보인다. 털이 있는 것만 빼면 겉모습이 코끼리와 비슷한 모습을 하고 있어 매머드를 코끼리의 조상으로 생각할 수도 있으나 매머드와 코끼리는 걸어온 길이 다르다. 매머드가 진화해서 코끼리가 된 것은 아니고 굳이 따지다면 사촌지간쯤 된다.

매머드는 이미 중세시대부터 사람들에게 신비한 존재였다. 그때 사람들은 선사시대에 대한 개념이 없었기 때문에 땅속에서 지금 사는 동물들보다 커다랗고 이상하게 생긴 동물 뼈가 발견되면 전설에 등장하는 괴물로 생각하였다. 매머드의 존재가 알려지기 전 매머드의 머리뼈는 그리스 신화에 등장하는 외눈박이 거인 키클롭스로 믿어졌다. 커다란 머리통에 눈이 하나로 보이는 매머드의 두개골 화석이 불러일으킨 오해였다. 외눈박이 거인의 눈이 자리 잡았을 것으로 생각했던 커다랗게 뻥 뚫린 외구멍은 사실 매머드의 코가 연결된 부분이었다.

매머드의 존재에 대해 본격적으로 이해하기 시작한 때는 고동물학이 궤도를 잡기 시작한 18세기말 정도에 이르러서다. 매머드 표본 화석이 많이 발견됨에 따라 학자들의 연구도 활발해져 자료가 축적되었다. 프랑스의 동물학자 퀴비에가 이 거대한 고대 동물의 뼈들을 아프리카 코끼리, 아시아 코끼리등과 비교하면서 비슷한 종으로 분류하여 매머드는 드디어 코가 기다란 동물을 뜻하는 장비목에 속하게 되었다.

사실 매머드는 사람과 관계가 깊은 포유동물 중 하나이다. 구석기시대 후기에 인간과 함께 살았던 매머드는 대형동물의 대표로 사냥의 첫 번째 목표물이 되었기 때문이다. 당시 동굴벽화에 매머드를 사냥하는 그림이 그려져 있는 것을 보면 매머드가 매력적인 사냥감이었음을 알 수 있다. 거대한 매머드를 사냥하면 많은 양의 고기를 얻을 수 있었고 추위를 가릴 수 있는 따뜻한 털가죽도 벗길 수 있었다. 구석기 예술가들에게 매머드의 커다란 상아는 훌륭한 예술품의 재료였으니 구석기 사람들에게 매머드는 사냥감 후보 1순위에 꼽혔을 것이다. 그래서 매머드가 멸종한 원인이 구석기사냥꾼들의 무분별한 사냥에 의한 것이라는 가설은 설득력을 갖는다. 흑해 주변 우크라이나에서부터 루마니아, 체코, 폴란드까지 흔히 흑토지대라고 불리는 스텝지역에서는 매머드 뼈로 만든 집들이 종종 발굴된다. 동굴이나 바위그늘도 많지 않았고 집을 지을 만한 마땅한 나무도 구하기 힘들었던 대초원에서 매머드뼈로 만든 집은 제법 쓸 만한 주거지였을 것이다. 이런 집들이 그대로 무너진 채 발견되는 사례들도 있는데 우크라이나의 메지리치라고 하는 유적에서 발견된 집에서는 벽체로 사용된 매머드 턱뼈가 무려 95개나 되는 것으로 확인되었다. 매머드 턱뼈는 당연히 한 마리당 하나인 점을 생각해 보면 겨우 집 한 채 짓는데 매머드를 거의 100마리나 사냥했었다는 얘기고 보니 인간의 남획을 견디지 못하고 매머드가 멸종했다는 가설이 유력해 보이는 이유다.

매머드의 멸종을 기후변화에서 찾기도 한다. 뜨거운 사바나의 태양 아래 체온을 낮게 유지하기 위해 커다란 귀처럼 더위를 식힐 수 있는 신체구조를 가지고 있는 아프리카 코끼리와 달리 매머드는 작은 꼬리와 작은 귀 등 추위로부터 체열을 보호하기 위한 구조를 갖고 있다. 그래서 매머드가 멸종한 이유는 점점 따뜻해지는 홍적세 말기 즉 비교적 최근의 기후변화 때문이라고 추정되고 있다.

한 가지 흥미로운 것은 추운기후에 적응하며 살아남았던 매머드의 멸종이 1만 2천 8백 년 전 점점 따뜻해지던 지구가 다시 추워지는 기현상이 벌어지면서 급속히 진행됐다는 것이다. 혜성충돌에 의한 기후변화이론에 의한 주장으로 그 당시 혜성충돌로 인해 북아메리카 전역에 대화재가 발생했고, 이로 인해 엄청난 연기가 지구 대기를 뒤덮으며 태양 빛을 차단하면서 지구 온도가 갑작스럽게 급강하했다는 주장이다. 서서히 더워지는 기후변화에 어느 정도 적응하였던 매머드가 갑자기 다시 추워지면서 결국 다 사라졌다는 것인데 6천 5백만 년 전 공룡 멸종의 원인을 혜성충돌에서 찾는 일과 연관이 있어 보인다. 물론 혜성충돌 가설을 주장하는 학자들이 제시한 증거들이 전혀 신빙성이 없다는 반론도 만만치 않다. 기후변화의 원인과 결과에 대해서는 의견이 엇갈리지만 매머드가 멸종된 주된 이유 중의 하나가 기후변화인 점은 분명해 보인다.

최근의 연구에 따르면 위에서 열거했던 여러 가지 원인들이 합쳐져 결국 매머드의 멸종을 가져왔다는 결론이 내려지고 있다. 약 4만 5천~3만 년 전 사이 많은 수의 매머드가 베링육교 지역의 초원 개활지에서 풍부한 풀과 버드나무 등을 먹고 번성했다. 이때는 사람도 함께 살았지만 매머드를 멸종으로 몰아가지는 않았다. 매머드는 변화하는 환경에 적응하며 개체수가 늘어나기도 하고 줄어들기도 하는 과정을 겪었다. 약 1만 년 전 기후가 따뜻해지면서 매머드의 먹잇감인 풀과 관목이 점점 줄어듦에 따라 서식지가 점점 줄어들었고 당연히 개체수도 점점 줄어들었다. 매머드의 숫자가 줄어들기 시작하던 그때는 후기구석기시대의 마지막 시기를 살던 사냥꾼 인간의 사냥기술이 최고로 발달하는 시기다. 기후변화로 인해 가뜩이나 살기 어려워진 매머드를 기다리던 건 마구잡이로 매머드를 사냥하는 매몰찬 인간이었던 것이다.

이렇듯 매머드는 어느 한 가지 요인에 의해 멸종되었다기보다는 기후변동이 가져온 서식환경의 변화, 그리고 사냥꾼 인간들의 압박 등 여러 요인이 복합적으로 작용했기 때문이라는 설명이 타당해 보인다. 그리고 기후변화로 개체수가 줄어든 매머드에게 결정타를 날린 사냥꾼 인간이 악역을 맡은 것도 분명해 보인다.

최근 지구온난화로 기온이 상승하면서 1년 내내 얼어붙은 채 녹지 않고 있는 땅인 영구동토층이 빠른 속도로 녹아내리면서 질퍽해진 얼음진흙 구덩이에서 매머드의 사체가 발견되었다는 뉴스가 심심치 않게 들린다. 피부와 털은 물론 위장 속에 먹은 풀까지 남아 있었던 아기매머드 '디마', 모유를 먹은 흔적이 위장에서 발견될 정도로 보존 상태가 좋았던 1살짜리 꼬마매머드 '류바', 털북숭이 새끼 매머드 '유카'의 발견도 온난화로 얼음땅이 녹으면서 가능해진 일이다. 이처럼 체세포의 확보를 기대할 수 있을 정도로 보존 상태가 좋은 매머드가 속속 발굴되면서 매머드의 복제 연구는 매우 활발히 진행되고 있다. 매머드의 멸종에 기후변화가 큰 요인으로 작용했듯이 매머드의 부활을 위한 복제시도에 반드시 필요한 보존 상태가 좋은 매머드 사체의 발견 역시 기후변화와 관련이 있으니 아이러니한 상황이다.

최근에 매머드를 복제하려는 연구에 많은 전문가들이 본격적으로 뛰어들면서 매머드 복원이 실제로 가능할 것이라는 기대는 점차 커지고 있다. 하지만 멸종한 생물을 복원하는 것은 매우 복잡하고 어려운 과정이다. 매머드를 복원하는 과정은 크게 4단계의 복잡하고 어려운 과정을 거치게 된다. 먼저, 얼어붙은 매머드 사체에서 손상이 덜 된 '살아있는' 체세포를 추출한다. 이어 매머드와 생물학적으로 비슷한 코끼리에서 난자를 추출하여 난자에서 핵을 제거한다. 핵이 제거된 코끼리의 난자에 매머드의 체세포 핵을 이식하고, 수정이 된다면 이 수정란을 코끼리의 자궁에 착상시킨 후 마지막으로 임신한 코끼리가 정상적으로 매머드를 출산하게 되면 매머드 복원에 성공하는 것이다. 얼핏 보면 그럴듯하고도 간단해보이지만 적어도 1만 년 이상 얼어 있었던 매머드의 체세포가 온전히 보존된다는 것이 현실적으로 거의 불가능하기 때문에 1단계 시도조차 여의치 않아 아직까지 매머드 복제가 성공한 사례가 없다. 최근 들어 약 3만 년 된 매머드 화석 '유카'의 다리에서 채취한 조직에서 세포가 핵분열 직전의 움직임을 보이는 것으로 보고되고 있어 주목된다. 물론 아직은 가능성이 매우 낮지만 매머드 복제에도 실낱 같은 희망이 엿보인다는 견해를 뒷받침해주고 있다.

매머드를 멸종시킨 결정타를 날렸던 인간이 이제는 다시 매머드를 살려보겠다고 칼을 갈고 있으니 매머드 입장에서 인간은 병 주고 약 주는 밉살스런 존재일 것이다. 이 밉살스런 인간이 매머드에게 복제라는 약을 주어 부활시키는 게 가능해진다면 그 미래는 어떤 세상일까? 기대 반 우려 반의 복잡한 생각이 든다.

에필로그

'인류의 진화와 선사문화의 이해를 통한 인류 보편적 가치의 구현'은 제가 근무하는 전곡선사박물관의 설립이념입니다. 아직도 진화론을 믿느냐는 질문이 쏟아지고 이게 정말 석기 맞냐는 궁금증이 가득한 곳이 바로 전곡선사박물관입니다. 박물관을 찾아오는 관람객들에게 인류의 진화는 믿는 것이 아니라 과학적 사실이라는 점을 늘 강조하곤 합니다. 땅을 파면 지금의 우리와는 다르게 생긴 고인류 화석과 그들이 사용하던 석기들이 함께 발견되기 때문입니다. 그냥 믿어야 하는 것으로 치부되곤 하는 인류 진화의 과정과 의미를 알기 쉽게 알려준다는 것은 정말 어려운 과제입니다. 거기다가 평범하게 생긴 돌들이 그냥 돌이 아니고 구석기시대 사람들이 만든 석기라는 것까지 더해서 이야기해야 하니 곤혹스러울 때가 많습니다.

그래서 이 책에서는 최대한 쉽고 간결하게 인류 진화와 구석기시대를 설명하려고 노력했습니다. 서울신문에 연재하고 있는 '이한용의 구석기 통신'이 이 책의 구성과 내용의 근간이 되었습니다. 이 책은 학술서라기보다는 구석기시대와 인류의 진화에 대한 수필집이라고 하는 것이 더 적당할 것입니다. 출판을 권유하신 김승민 편집자와 주고받은 이메일이 많은 도움이 되었습니다. 우리가 인류의 진화와 구석기시대에 관심을 가져야 하는 이유는 앞으로도 우리 인간은 계속 진화할 것이기 때문입니다. 어디서 왔는지를 아직 확실히 모르기 때문에 어디로 갈지를 정확히 알 수는 없지만 그래도 인간이라는 존재가 어떻게 비롯되었는지를 아주 가끔은 생각해 보는 삶이 조금은 더 보람된 삶이 아닐까 생각해 봅니다. 인류의 진화와 구석기시대를 과학적 사실로 받아들이더라도 허전할 때가 있습니다. 밤하늘의 별을 바라볼 때, 어디선가 불어오는 바람을 맞을 때 무언가 색다른 영성을 느낍니다. 사람이기 때문에 느끼는 감정이 아닐까 싶습니다. 수십만 년 전 이 땅에 살았던 사람들과 수십만 년 후 이 땅에 살아갈 사람들 그리고 그 사이에는 오늘의 우리가 있습니다. 인공지능의 시대가 오고 자율주행차를 타고 다니더라도 우리는 밤하늘의 별을 보고 새벽 강가 안개 속에 앉아 있을 겁니다. 그게 바로 우리들 인간인 것 같습니다.